# Almas Atormentadas

by

John A. Fatherley

*John A. Fatherley*
*June 7, 2016*

RoseDog Books
PITTSBURGH, PENNSYLVANIA 15238

The contents of this work including, but not limited to, the accuracy of events, people, and places depicted; opinions expressed; permission to use previously published materials included; and any advice given or actions advocated are solely the responsibility of the author, who assumes all liability for said work and indemnifies the publisher against any claims stemming from publication of the work.

All Rights Reserved
Copyright © 2016 John A. Fatherley

No part of this book may be reproduced or transmitted, downloaded, distributed, reverse engineered, or stored in or introduced into any information storage and retrieval system, in any form or by any means, including photocopying and recording, whether electronic or mechanical, now known or hereinafter invented without permission in writing from the publisher.

RoseDog Books
585 Alpha Drive, Suite 103
Pittsburgh, PA 15238
Visit our website at *www.rosedogbookstore.com*

ISBN: 978-1-4809-6372-6
eISBN: 978-1-4809-6394-8

ALMAS ATORMENTADAS
Un Examen de La Infame
INVESTIGACIÓN PARAGUAYA DE 1.870
en el Congreso de los Estados Unidos de Norteamérica,
que tuvo lugar entre
los representantes en el extranjero
y los oficiales de la escuadra
sudatlántica de la Marina de Guerra
durante la época del la
Gran Guerra en el Paraguay 1.865 – 1.870

C.A. Washburn. Dibujo por Georgia Abbott

John A. Fatherley
Chicopee, Massachusetts, U.S.A.
2.006

"...con el fin de rectificar los malendidos históricos
de la Época..."

Mecanógrafo Brian Wert
Revisado y corregido por Edward H. Worthen
Diseño de la portada Lyn Doran, Amy Rivera

Dibujo del Mariscal López de la <u>História del Paraguay</u>
Por Charles Ames Washburn – Boston, 1.871

# INDICE

# DEDICATORIA

Este estudio se dedica a la memoria de los oficiales de la Marina de Guerra de los Estadio Unidos de Norteamérica, durante la época de la Guerra Triplealiada, 1.865 – 1.870.

Ellos fueron víctimas de un vórtice de intereses geopolíticos en oposición a los dictámenes de su entrenamiento profesional.

Se dió a conocer este dilema durante el tribunal Congresional en Washington, D.C., el 30 de marzo 1.869, seguido de otro en la ciudad de Nueva York, el 21 de octubre.

Los principals oficiales enjuiciados durante esta "investigación" incluyeron al Comandante Peirce Crosby del cañonero SHAMOKIN, al Comandante William Kirkland del cañonero WASP, al Capitán de bandera Francis Ramsey de la capitana GUIERRIERE, y a los Contraalmirantes Sylvanus W. Godon y Charles H. Davis de la jefatura de la escuadra sudatlántica estadounidense en Río de Janeiro, Brasil.

Cada uno do estos oficiales había servido con distinción antes de la "inquisición" que tuvo lugar durante las audiencias del comité investigador del Congreso, y asi seguirían sirviendo después.

A dichos oficiales, víctimas propiciatorias, nunca se les indemnizó de parte del gobierno nacional—ni siquiera con una discupla official por la injusticia sufrida.

Además, las audiencias en Washington y Nueva York dejaron sin resolución las cuestiones disputadas. Entre las recomendaciones del comité aprobada por la mayoria fué la censura de la escuadra sudatlántica por encubrir sus intenciones en acudir en ayuda de los diplomáticos asediados, en oposición a la recomendación, apoyada por la minoría de los miembros que los oficiales se habían comportado de acuerdo con las instrucciones recibidas de su departamento en Washington.

Mi propósito en dedicar estas páginas a la memoria de los principales oficiales de la escuadra sudatlántica durante la época triplealiada es reconocer meritorio de su servicio en tres campos. 1) el desarrollo de su especialidad militar, 2) La Guerra con Mexico, y 3) la Guerra de Secesión. En cada caso los oficiales nombrados contribuyeron importantemente - razón por la cual es una denigración injusta a su memoria que los resultados de la investigación paraguaya hayan puesto en duda su habilidad y sus hazañas.

Contraalmirante Sylvanus Wm. Godon
1.809 – 1.879
Comandante de la Escuadra Sudatlántica 1.866 – 1.867
Era ciudadano de Filadelfia, Pennsylvania
Sirvió en la Marina de Guerra 1.819 – 1.871
Participó en el cerco y la captura
de Vera Cruz durante la Guerra con México
Sirvió con distinción en la Guerra de Secesión
durante las batallas de Fort Fisher, 1.864 – 1.865
Avanzó al grado de contraalmirante en 1.866
De sus cincuenta años de servicio naval,
la mitad tuvo lugar 'en el mar'
más que cualquier otro official de su grado.
El murió en Blois, Francia, en 1.879.

# 1. INTRODUCCIÓN

Se supone que el lector de estas páginas ya sabe algo sobre las circunstancias de la "Gran Guerra" (1.865 - 1.870) en el Paraguay. Otros nombres referentes a este conflicto son: La Guerra de la Triple Alianza, the Paraguayan War, y The War of the Triple Alliance.

Hay una cantidad enorme de obras escritas que la tratan: sus causas, sus conspiraciones, y sus consecuencias geopolíticas y logísticas.

EI autor propone saltar los episódios históricos de 1a guerra para enfocar en la cuestión del memorial de dos prisioneros de guerra que fue presentado a1 gobierno estadounidense y que resultó en la larga y controvertida investigación Congresional en 1.869 - 1.870.

> Las fuentes principales documentales para este estudio incluyen las actas de las audiencias publicadas en 1.870, y la correspondencia del Secretario de la Marina de Guerra - bajo el título "Paraguayan Difficulties"
> — Executive Document Number 79, 1.869.

Además, el autor se ha aprovechado de los descubrimientos del ilustre periodista paraguayo, Osvaldo Bergonzi, cuyo libro CÍRCULO de SAN FERNANDO (Asunción, 2.000) ilumina el ambiente interno en el Paraguay durante la época de los acontecimientos examinados en la investigación Congresional.

Finalmente, George Frederick Masterman en su historia SEVEN EVENTFUL YEARS in PARAGUAY (London, 1.870) ha sido examinado con respecto a su estadía en el Paraguay durante el período triplealiado. Aunque Masterman era un provocador principal en la investigación Congresional, no participó en las audiencias—razón por la cual las caracterizaciones en su libro tienen impórtancia.

# 2. EL MEMORIAL

La "Investigacion Paraguaya" resultó de los agravios sufridos por dos miembros de la Legación Norteamericana que fueron abandonados cuando el Ministro Residente, Charles Ames Washburn, fue rescatado por la Marina de Guerra estadounidense en septiembre de l.868.

Los dos individuos, Porter Bliss y George Masterman, fueron detenidos y encarcelados por el gobierno paraguayo bajo la sospecha de ser miembros de un círculo de conspiración contra el presidente Mariscal López.

Fueron librados dentro de poco bajo un acuerdo entre el Mariscal y el Almirante Davis que especificó que durante su regreso a los EE. UU. de A., serían tratados como presos.

Masterman y Bliss lograron llegar a los Estados Unidos, e inmediatamente registraron sus quejas con el Secretario de Estado, William Seward.

Al convocarse el comité investigador Congresional se politizó en seguida por el hecho de que el ex-ministro residente en el Paraguay, Charles A. Washburn, era miembro (y uno de los fundadores) del partido Republicano; y su hermano mayor, Elihu B. Washburne, estaba por ser nombrado Secretario de Estado por el Presidente U. S. Grant. Grant era ciudadano del estado de Illinois, del cual fue representante al Congreso Elihu Washburne. En efecto la investigación "imparcial" se degeneró en un embrollo político, finalizándose en conclusiones contradictorias con el fin de satisfacer los intereses partidarios de todos los miembros.

Encabezaron el comité dos Diputados: Godlove S. Orth, Republicano de Indiana, y Thomas Swann, Demócrata de Maryland.

El lector notará posiblemente con interés (y curiosidad) que en los informes biográficos sobre las carreras de estos distinguidos caballeros no se hace mención alguna de su servicio en este comité.

# 3. EL COMIENZO

En junio de 1.861, El Presidente Lincoln nombró a Charles Ames Washburn de California comisario al Paraguay. Con esta designación comenzó una era diplomática entre los dos países atestada de complicaciones y con una terminación bastante desafortunada.

La selección del periodista Washburn por el Presidente Lincoln se debió principalmente a una deuda política por la ayuda recibida de la familia Washburn en las elecciones de 1.860. Lincoln propuso a Charles Washburn que consiguiera una reconsideración de la pérdida del arbitraje entre el Paraguay y la empresa de manufactura y navegación, establecida por Edward Hopkins y sus inversionistas de Rhode Island. Debido a este requisito presidencial, comenzó Washburn su servicio con dificultades.

En enero de 1.865, Washburn volvió a los Estados Unidos, y se casó. Con su esposa, Sally, viajó en octubre por vapor hasta Río de Janeiro, donde encontró un obstáculo para terminar el viaje, debido al bloqueo triple-aliado en el Río Paraguay.

Surgió entonces un embrollo bastante complicado entre los oficiales navales y diplomáticos en la región de los países combatientes. El Comisario Washburn se quedó en Buenos Aires con su esposa, mientras los oficiales de la marina norteamericana ideaban una estrategia para quitar el bloqueo.

Se manifestó al mismo tiempo un desacuerdo entre estos oficiales sobre la actitud del Comisario Washburn, a tal grade que el comandante de la escuadra sudatlántica, el Contraalimirante S. W. Godon, rechazó la petición de

Washburn de volver a Asunción en vapor. En este caso era cuestión de los intereses diplomáticos contra los de la armada.

Al llegar a un callejón sin salida, intervinó William Seward, el Secretario de Estado. En abril de 1.866, el Contraalmirante Godon recibió órdenes de Washington ignorar el bloqueo. Washburn llegó a Asunción de nuevo, el 5 de noviembre.

Durante el segundo turno que duró hasta el 29 de agosto de 1.868, su designación diplomática se había convertido en la de ministro residente. Sus actos oficiales durante este periodo comenzaron con la oferta de arreglar un tratado de paz entre los beligerantes; pero este procedimiento no tuvo éxito por culpa del requisito entre los países triplealiados que el Presidente López se abdicara y se fuera del continente.

Cuando la flota brasileña pasó las fortificaciones de Humaitá y comenzó a bombardear Asunción, el Presidente López mandó la evacuación de la capital. El ministro Washburn se negó a mudar su sede diplomática, y poco a poco su residencia se llenó de refugiados diplomáticos con sus efectos personales. Entonces comenzó el infame delito de la conspiración, con acusaciones de traición dirigidas a Washburn y sus asociados.

En esta crisis intervino James Watson Webb—ministro estadounidense en el Brasíl. Por sus ordenes el cañonero U.S.S. WASP de la escuadra sud atlántica pasó el bloqueo con el fin acudir en socorro del Ministro Washburn. El Contraalmirante Charles H. Davis, comandante de la flota en Río de Janeiro, nombró encargado del rescate al Capitán W. A. Kirkland del WASP. Al pasar el bloqueo, el Capitan Kirkland se reunió con el Presidente López, y le avisó que por la amistad entre la familia Washburn y el Presidente Ulysses S. Grant, habría consecuencias graves si Washburn encontrara dificultades en salir del Paraguay. Washburn recibió su pasaporte el 8 de septiembre, 1.868.

De esta manera terminó el servicio diplomático de Charles Ames Washburn en el Paraguay. Dos asociados suyos, el farmacéutico inglés, George Masterman, y el aventurero americano, Porter Bliss, fueron encarcelados por el Presidente López - por sospechas de su participación en la conspiración de 1.868 contra el Mariscal.

# 4. EL CANJE DIPLOMÁTICO
## Los Demandantes y el General McMahon

El segundo pelotón de salvamento llegó al puerto de Angostura, con el fin de rescatar a Masterman y Bliss, y desembarcar al nuevo ministro, el General Martin T. McMahon. Cuando Bliss y Masterman llegaron a los Estados Unidos, entregaron un reportaje al Departamento de Estado, explicando su maltrato en la cárcel del Presidente López. Este resumen creó una gran crisis en el Congreso de los Estados Unidos, y generó un enfrentamiento entre el Departamento de Estado y la marina de guerra.

Por los desacuerdos sobre la veracidad de Masterman y Bliss, el Congreso comenzó una interrogación designada "Paraguayan Investigation". Con el fin de averiguar las condiciones actuales en el Paraguay, el Secretario de Estado, Elihu Washburne, retiró a McMahon el 15 de marzo 1.869. Washburne sirvió sólo once días en esta capacidad (5 - 16 de marzo). La correspondencia entre el Secretario Washburne y el Presidente Grant durante este período indica que el corto plazo de servicio tenía que ver con su agotamiento después de veinte años de servicio en el Congreso nacional. Posteriormente, el Presidente Grant nombró a Washburne Ministro a Francia. La irónia es que en seguida se encontró en medio de La Guerra Franco- Prusiana.

Lamentablemente, todaviá queda una duda respecto al motivo del Presidente Grant en nombrar a Elihu Washburne a la oficina de Secretario de Estado. Una explicación quizás contradictoria es que el General McMahon era partidario del Presidente López y la causa paraguaya, razón por la cual la influencia de McMahon podia efectuar un acuerdo de paz. Lo contrario es que la antipatía del ministro anterior, Charles Ames Washburn, excluía tal resultado.

Los ministros Washburn(e) eran hermanos. Un éxito diplomático por parte de McMahon habría puesto en duda la capacidad de Charles Washburn.

Este análisis aun capcioso supone que un éxito diplomático por parte de McMahon que hubiera terminado la guerra triplealiada habría resultado en el renuncio del Presidente López. Dada la dedicación del Mariscal - "Muero por mi Patria" - se ve claramente que un tratado de paz arreglado por McMahon no fue posible en estas circunstancias.

De la investigación congresional americana, salió una segunda teoría de conspiración, implicando al Contraalmirante Davis, al Capitán Ramsey, al General McMahon, y al Subcomandante Kirkland. De este grupo, escribió Charles Washburn en su *Historia del Paraguay* (Boston: Lee y Shepard, 1.871):

> "se ocuparon en un complot de comprometer el testimonio de un ministro de su propio país." (Tomo II, pagina 481)

> El Comité Congresional investigando "Paraguayan Difficul-ties" (marzo - octubre l.869) no pudo llegar a un consenso. Se comentó en aquel entonces que "la mayor parte del testi-monio es de un cáracter contradictorio, y revela amargura y animosidad entre los oficiales de la marina de guerra y los del cuerpo diplomático." (Harris Gaylord Warren, Paraguay, 1.949, Imprenta de la Universidad de Oklahoma, Norman, Oklahoma, página 258)

La opinión prevaleciente del comité criticó al Contraalmirante Godon por no ayudar al Ministro Washburn con más apremio. La minoría criticó a Washburn por su insolencia hacía el Presidente López, y por dejar abandonados a sus aso-ciados - Masterman y Bliss.

Harold Gaylord Warren ofrece en su *Paraguay: An Informal History*, (1949) la siguiente conclusión sobre la representación diplomática de los Estados Uni-dos de Norteamérica en esta época:

> McMahon era completamente incapacitado para servir en el
> cuerpo diplomático, una característica que tenía él en común
> con Charles Ames Washburn. (página 260)

En los dos casos, el Profesor Warren refiere a la cuestión de incompatibilidad con respecto a las características personales requisitas para servir con distinción en el cuerpo diplomático.

Extraña que el Profesor Warren haya llegado a tal conclusión con respecto al servicio diplomático del General McMahon.

La verdad es que McMahon cumplió, aunque fuera por poco tiempo, su servicio con mucha distinción.

McMahon presentó sus credenciales en Itá Ybaté el 14 de diciembre de 1.868, diciendo:

> ...permítaseme expresaros la satisfacción personal que expe-
> rimento al ser presentado a V. E., cuyo nombre me ha sido
> desde mucho tiempo familiar, justamente con la memorable
> lucha que la República del Paraguay sostiene con una mag-
> nanimidad sin ejemplo." (Resurgirás Paraguay - Una Oda
> Historia, Leopoldo Ramos Giménez, Anales del Paraguay,
> Año I, Num. 1, Asunción, Paraguay, Octubre de 1.963, pá-
> gina. 28)

El Presidente de la República, el Mariscal Francisco Solano López, contestó que la presencia de McMahon era "una muestra de las amistosas relaciones entre los dos países y "un testigo presencial de todo el sacrificio y verdadero heroísmo con que un pueblo combate por su existencia. "

En su "Memoria de McMahon" del 4 de julio de 1.963, Leopoldo Gimenez, concluyó que McMahon llegó en la hora en que el país estuvo a punto de recuperarse, rehacerse, y superarse a sí mismo. En su presencia existía "la grandeza del alma de un testigo, digno de la grandeza de este momento y de todos los momentos de nuestra historia." (Resurgirás Paraguay, pag. 19-20)

Martin Thomas McMahon nació el 21 de marzo de 1.838 en La Prarie, provincia de Quebec, en el Canadá. Se recibió de St. John's College, Nueva York, en 1.855. Sirvió en el ejército federal durante la Guerra de Secesión -

en capacidad de jefe de estado mayor en el sexto cuerpo del General John Sedgwick. Después de su servicio diplomático en el Paraguay, McMahon se dedicó a conmemorar la vida de Sedgwick—su ídolo—quien murió víctima de un franco tirador en Virginia en 1.863.

Gral. Martin T. McMahon
Foto por Mathew B. Brady, Washington, D.C., 1.864

Irónicamente, el querer de McMahon para Sedgwick era tan profundo como el del Paraguay para McMahon aunque en los Estados Unidos, el heroísmo de McMahon y de Sedgwick esté totalmente olvidado. En 1.891, McMahon recibió la Medalla de Honor del Congreso por su valor en la batalla de 'White Oak Swamp', Virginia, en 1.862.

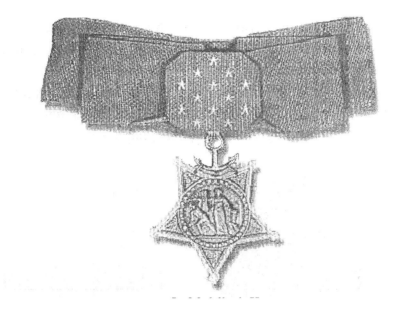

La Medalla de Honor
(Cortesía de Rose DeNucci)

Otro análisis del distinguido servicio del Gral. Martin T. McMahon en el Paraguay fue publicado en Asunción en 1.985. Un resumen de esta obra fué ofrecido en aquel entonces por la Dra. Julia de Arrellaga, Directora del Instituto Paraguayo de Estudios Geopolíticos e Internacionales:

Jefe de Misión en circunstancias dramáticas y difíciles, McMahon el soldado-diplomático norteamericano defendió con pasión nuestra causa y la proclamó con valor y convicción. Sus apreciaciones geopolíticas, sus claros y precisos análisis, las bellas descripciones de nuestra patria y nuestro pueblo, son testimonios invalorables de un observador sagaz e inteligente. (**Martin T. McMahon - Diplomático,** Arthur H. Davis, 1.985, Asunción, Editora Litocolor, p. 13)

En el prólogo de dicha obra, el distinguido ministro paraguayo, el Dr. Edgar Ynsfrán, revela a su "devota admiración" - la cual fué inspirada por "la noble figura de McMahon con su vehemente pero razonada defensa de la causa paraguaya"; y más, su "gratitud ... ante este quijote anglosajón, el primer extranjero - aun el primero entre nuestros propios co-nacionales - que abrió el proceso del revisionismo histórico para vindicar la causa paraguaya." (Davis, pp. 16-17)

El Dr. Ynsfrán concluye:

> Martin McMahon la ganado la gratitud nacional. Con un manojo de versos que engarzó en el álbum de la abnegada compañera del Mariscal puso su profético el increíble anuncio del "Resurgirás Paraguay". Y con contadas páginas entregó en de nuestro pueblo un mensaje de emocionada y auténcia consideración a la justica verdad y al heroísmo. Ninguno, con tan poco, logró emocionar tanto a todo un pueblo (Resurgirás Paraguay, página 14).

**EL MAYOR HERIDO** – Dibujo en "La guerra en el Paraguay" por Martin Thomas McMahon en **Harper's New Monthly Magazine**, abril de 1.870, página 642.

# 5. UNA FAMILIA INFLUYENTE

La amargura política que rodeaba el servicio diplomático de Charles Ames Washburn desacreditó a una familia muy importante en la historia de los Estados Unidos a mediados del siglo diecinueve.

Para que el lector se de cuenta de su importancia basta decir que en la familia Washburn, había siete hermanos - cada uno llevando a cabo una carrera con realizaciones de trascendencia. Sobre esta familia Mark Washburne, biógrafo de Elihu Benjamin Washburne, escribió en el año 2.000 que "surgieron un senado en el Congreso, un capitán de la marina de guerra, un general en el ejército, gobernadores de los estados, dos ministros residentes en el extranjero, cuatro representantes en el Congreso (de cuatro estados distintos), y un secretario del Estado. (**A Biography of Elihu Bejamin Washburne,** X Libris Corporation, U.S.A, 200, p. 25)

El hermano mayor, Israel Washburn, hijo, (1.813 – 1.883), estudió derecho y fué elegido al Congreso por el estado de Maine. En 1.854, Israel Washburn propuso la formación de un partido político anti-esclavista; y por su influencia nació el Partido Républicano.

Algernon Sidney Washburn (1.814 - 1.879), era comerciante de Boston. Aunque no optó entrar en el campo de la política, su éxito personal en el de los negocios le permitió ayudar a los cinco hermanos menores en la realización de sus sueños.

Calwallader Coldon Washburn (1.818 - 1.882) emigró al oeste y estudió y practicó la abogacía en el estado de Wisconsin. Fue elegido al Congreso en 1.854. Durante la Guerra de Secesión, se distinguió - alcanzando el grado de general de división. En 1.871, fue elegido gobernador de Wisconsin. Ademas, el éxito de su empresa 'Gold Medal Flour' le hizo millonario.

El quinto hermano, Charles Ames Washburn (1.822 - 1.889), recibió su título de Bowdoin College en el estado de Maine. En 1.849, se unió al éxodo popular motivado por el descubrimiento de oro en California. Se estableció allá como dueño y editor del diario **San Francisco Daily Times,** en el cual abogaba por el establecimiento del Partido Republicano en California.

Después de su servicio diplomático en 1.868, publicó su controversial **Historia del Paraguay**. Además escribió unas novelas e introdujo su invención – una máquina de escribir: Washburn's Typeograph.

Al sexto hermano, Samuel Washburn (1.824 – 1.890), le caían mal los estudios y se hizo marinero – sirviendo en la Guerra de Secesión con una comisión en la Marina de Guerra hasta 1.862 cuando fue herido en combate. Su esposa falleció en 1.869, y Samuel se retiró a Norlands – la casa solariega en Maine – para recuperarse y cuidar a su padre que había perdido la vista.

El hermano menor, William Drew Washburn (1.831 – 1.912), también se recibió de Bowdoin College en Maine, y estableció un molino de trigo en Minnesota. Fundó el diario **Minneapolis Tribune** en 1.867. Fué elegido tres veces al Congreso Nacional y una al Senado

Según los numerosos expertos académicos en el estudio de la distinguida familia Washburn(e), el miembro más influyente era el tercer hermano, Elihu Benjamin Washburn (1.816 – 1.887). El era Republicano de Illinois y escribió uno biografía de Abraham Lincoln para la campaña presidencial de 1.860.

Elihu Wasburne sirvió nueve veces en el Congreso donde se encargó de varios comités hasta el año 1.869.

El Presidente Grant nombró a Washburne Secretario de Estado por el corto plazo de once días; y después, Washburne fué nombrado Ministro Residente en Francia. Durante la Guerra Franco-Prusiana, Washburne se distinguió en proteger los intereses de los ciudadanos alemanes después de la expulsión de sus diplomáticos.

En 1.880, Washburne era candidato presidencial en la Convención del partido Republicano.

Al estudiar la familia Washburn(e), se llega luego a la necesidad de interpretar lo que quiere decir "once días de servicio" en el Departamento de Estado con la coincidencia del retiro oficiál del General McMahon durante estos días en anticipación de la 'Investigación Paraguaya' en Washinton en 1.869.

La cuestión disputada contemporáneamente tiene que ver con el motivo del Presidente Grant en nombrar a Washburne por tan pocos días. La mayoría de los estudios de esta cuestión concluye que Washburne andaba mal de salud y le faltaba la energía necesaria para cumplir las pesadas responsabilidades del puesto.

A la vez se puede notar lo extraño del servicio ministerial – tomando en cuenta que el suceso más importante era el retiro del General McMahon después de sólo siete meses en el Paraguay. Desde este punto de vista, el nombramiento de Elihu Washburne fue un acto capcioso con el fin de salvar la reputación de su hermano Charles.

Eng by G. E. Perine

Elihu Benjamin Washburne
Secretario de Estado

Los Hermanos Washburn

Algernon Sidney
(1.814 - 1.879)

Elihu Benjamin
(1.816 - 1.887)

Cadwallader Colden
(1.818 - 1.882)

Israel Jr.
(1.813 - 1.883)

Charles Ames
(1.822 - 1.889)

William Drew
(1.831 - 1.912)

Samuel Benjamin
(1.824 - 1.890)

# 6. TESTIMONIOS CONTRADICTORIOS

Posiblemente lo que más dificulte una evaluación de las circunstancias que dieron lugar a la "Investigación Paraguaya" es el desacuerdo que existía entre los testigos con referencia a los sucesos de la época triplealiada.

Esta discordancia compromete una comprensión clara de seis temas importantes en este estudio:

El tratamiento de Bliss y Masterman durante su encarcelamiento en el Paraguay y durante su viaje en vapor hasta Río de Janeiro;

El comportamiento del Mariscal López, su carácter y su temperamento;

La conducta de Charles Washburn con respecto a sus responsabilidades diplomáticas, y sus relaciones con los oficiales de la escuadra sudatlántica estadounidense;

La dinámica entre el Ministro McMahon y el Mariscal López, y entre McMahon y Eliza Lynch y su familia;

Las intenciones verdaderas por parte de los contraalmirantes Godon y Davis en sus relaciones con Washburn;

Los origines de la discordia entre los Diputados del Congreso, Orth y Swann, durante la investigación.

Este escritor propone tratar de aclarar estas cuestiones sin favorecer ni un lado ni el otro, con la creencia que una evaluación cuidadosa de los hechos referidos puede efectuar una representación exacta de las circunstancias que engendraron la Investigación Paraguaya.

# 7. PRINCIPIA EL EXAMEN DE TESTIGOS

El primer testigo frente al Comité Congresional fué el ex ministro residente, Charles A. Washburn, el 30 de marzo de 1.869.

Washburn relató que en primer lugar no pudo confirmar los acontecimientos en la mayor parte del "Memorial" porque ocurrieron después de su salida del país.

Pero en cuanto a la cuestión de hospedar a los diplomáticos extranjeros en la legación norteamericana cuando fue abandonada Asunción por el gobierno paraguayo, el 21 de febrero de 1.868, Washburn afirmó que el vice presidente y el ministro de asuntos exteriores coincidieron en aprobar el propósito.

Washburn informó al Comité Congresional que cuando la flota brasileña comenzó a bombardear Asunción unos días después de pasar las fortificaciones de Humaitá, el creyó que la guerra ya estaba por terminar.

Pero no fué así. Los acorazados brasileños se retiraron y concurrentemente comenzó el supuesto "reinado de terror" cuando varios oficiales prominentes del gobierno paraguayo y algunos miembros de la familia del Presidente López fueron encarcelados por haberse implicado en conspirar contra el Mariscál con el fin de entregar el Paraguay a los poderes triplealiados.

Las confesiones de estas personas resultaron en acusar a Washburn, su asociados – Bliss y Masterman – y a otros refugiados en la legación norteamericana de haber participado en la conspiración; pero mientras los acusados esperaban su detención, Washburn fue informado que el WASP había llegado a Angostura para sacarles a él Bliss y Masterman fuera del país. Contó Washburn:

Estaba yo convencido que López no quería que saliera yo. Cuando recibí la noticia del capitán del WASP, me avisó el gobierno paraguayo que sabía de mi complicidad con los conspiradores y con los triplealiados; y que por eso me ocultaron la llegada del WASP.

Pero por su gran respeto a los Estados Unidos, el Mariscal López me entregaría los pasaportes y me ofrecería pasaje al buque (página 4)

Los pasaportes de Bliss y Masterman no llegaron y Washbun tuvo que llegar a una decisión muy difícil: salir con su familia o esperar un acuerdo con respecto a sus asociados.

Washburn relató que él consultó con Bliss y Masterman sobre el dilema, y se pusieron de acuerdo que él debiera salir con su familia y sin ellos:

Nuestra opinión unida era que si yo pudiera salir y avisar a los oficiales americano de la situación, sería la mejor resolución para todos. Ellos (Bliss y Masterman) opinaron que antes de ser matados, alguien los rescataría. (página 4)

Al llegar Washburn al WASP, el 10 de septiembre de 1.868, su capitán, William Kirkland, le informó a Washburn de las dificultades en pasar el bloqueo brasileño; pero por la intervención del ministro plenipotenciario estadounidense en Río de Janeiro, el General Webb, los oficiales de la flota brasileña en el Río Paraguay permitieron que pasara el WASP.

Washburn continuó en su testimonio con su conversación con el capitán sobre la reunión que tuvo lugar entre él y el Mariscal López después de pasar el bloqueo. Kirkland explicó que su propósito era sacar a Washburn del Paraguay. López respondió que sus relaciones con el ministro eran muy malas ya que Washburn había favorecido a los brasileños y los conspiradores.

Kirkland rió e informó al Mariscal que los brasileños odiaban a Washburn pero de todos modos el gobierno paraguayo no debiera tocar a Washburn porque el ministro tenía familiares muy influentes en el gobierno del Presidente Grant y si sufriera algún mal el ministro, los gobernantes en Washington podrían fácilmente mandar su flota sudatlántica al teatro de guerra en seguida. (página 5)

Washburn fue interrogado sobre las causas de la detención de Bliss y Masterman. Dijo que era "un misterio", pero creía que López se había convertido en un energúmeno salvaje:

Parecía determinado destruir a todo el mundo. Hace dos años que me contó que sí fuera destruido él, no quedaría nadie ni nada después, y parece que tiene la intención de efectuar ese deseo. (página 6)

El jefe del Comité Congresional preguntó a Washburn: "¿Sabe Ud. algo del tratamiento de Bliss y Masterman a bordo el WASP?" Contestó Washburn: "nada aparte de sus propias declaraciones. Y no se nada de las explicaciones ofrecidas por el gobierno paraguayo a mi sucesor, el General McMahon; pero parece que le satisficieron a él."

"Y entiendo que Bliss y Masterman fueron recibidos como criminales a bordo el WASP y el GUERRIERE (la capitana de la escuadra), y tratados así en ambos casos."

"Yo avisé al General McMahon verbalmente y por correspondencia sobre las condiciones en el Paraguay; pero parece que el general actuó de acuerdo con los que le había relatado López antes de recibir mi consejo. Luego le escribí otra carta al general avisándole: 'No acercarse a López.'" (página 7)

Antes de salir de la legación, Washburn dió permiso a Bliss y Masterman formular cualesquiera acusaciones sobre él, para descreditar su vida y su comportamiento diplomático que les fueran útiles en redimirles frente al tribunal lopista. Contó Washburn al comité:

Las disipaciones pretendidas de Bliss y Masterman después de mi salida eran falsas y resultaron de su tortura. (página 8).

En el primer día de abril de 1. 869, Washburn reapareció frente al comité en Washington, y relató más sobre el papel del Capitán Kirkland a bordo del WASP. Dijo que al principio creía que Kirkland había salvado su vida por convencer a López que si no permitiera su salida del país, sufriría graves consecuencias militares.

Washburn opinó que si se hubiera demorado en rescatarle el WASP, seguramente habría perdido la vida a manos de la inquisición del mariscal.

Durante esta audiencia, Washburn opinó que juzgó mal en no abandonar su sede mucho antes. Dijo que "cuando acercaron los acorazados brasileños a Asunción, creía que podría ofrecer muchos servicios y salvar muchas vidas al terminar la guerra. Pero poco a poco desparecieron los oficiales y los diplomáticos que yo intentaba proteger; y en verdad, preferible que yo hubiera regresado mucho antes."

C.A. Washburn por Georgia Abbott
"…juzgó mal en no abandonar su sede mucho antes…"

# 8. BLISS Y MASTERMAN I

Su Arresto y Encarcelación

En la mañana del 10 de septiembre de 1.868, Washburn, Bliss y Masterman salieron de la legación americana juntos. Washburn se despidió de ellos e inmediatamente los dos asociados fueron detenidos.

Contó Washburn al comité investigador que anteriormente había él formulado 'un plan' de salida por medio del cual la bandera norteamericana protegería a los tres en un salvoconducto diplomático para llegar juntos al vapor.

Pero luego decidieron que este plan agravaría una situación ya demasiado sensitiva.

En su historia SEVEN EVENTFUL YEARS IN PARAGUAY (London 1.870), Masterman describe su salida de la legación:

Abandonamos la casa juntos, pero el Señor Washburn caminaba tan a prisa que los consulares y nosotros no pudimos alcanzarlo. El nos había adelantado unos cuantos metros cuando llegamos al extremo de la columna. Allí los policías nos acercaron, simultáneamente desenvainando sus espadas, y nos empujaron apresuradamente y nos separaron de los cónsules.

Me quité y alcé el sombrero, gritando alegremente "Adiós Señor Washburn; no nos olvide". Dió él media vuelta de la cara, que estaba mortalmente pálida, y dándose prisa, desapareció. (página 211)

Inmediatamente Bliss y Masterman fueron llevados a la jefatura de la policía. Masterman relata que allí:

…mi ropa fue examinada con mucho cuidado en busca de algo escondido: luego nos ordenaron sentarnos para ponernos grillos. Entonces nos encerraron en una celda en una obscuridad absoluta. (página 212)

Continúa Masterman:

a las siete de la noche nos llevaron afuera y cambiaron los grillos por unos mucho más grandes y pesados. Luego nos montaron en burro, y así tuvimos que sentarnos de lado.

Yo creí que íbamos a la estación de ferrocarril; pero no, tuvimos que recorrer treinta y cinco millas hasta Villeta.

Al llegar, desmontamos, y el guardia nos llevó a una choza. Dentro de ella encontré a un viejo capitán, Falcon de nombre, y un cura que hacía el papel de 'secretario'.

El Capitán Falcón quería que yo confesara saber que era conspirador el Señor Washburn. Le dije que no podía ofrecer tal confesión porque no era conspirador el Señor Washburn.

Después de repetir esta conversación varias veces, me llevaron afuera y me ataron entre do mosquetes con la cabeza inclinada hasta el pecho—una postura que se llamaba 'el cepo uruguayana'.

En esta posición intentaron hacerme confesar, diciendo que así podría yo ganar la clemencia del Mariscal López.

Me desmaye por el dolor; pero cuando recubrí el conocimiento, decidí 'confesar'. (página 217).

En este discurso Masterman ofrece una opinión simpática del Capitán Falcón:

Creo que el viejo capitán no era un mal tipo, y que me ayudó en cuanto pudiera al indicar el camino por medio de su interrogación. Por supuesto el riesgo para él era enorme al manifestarme simpatía.

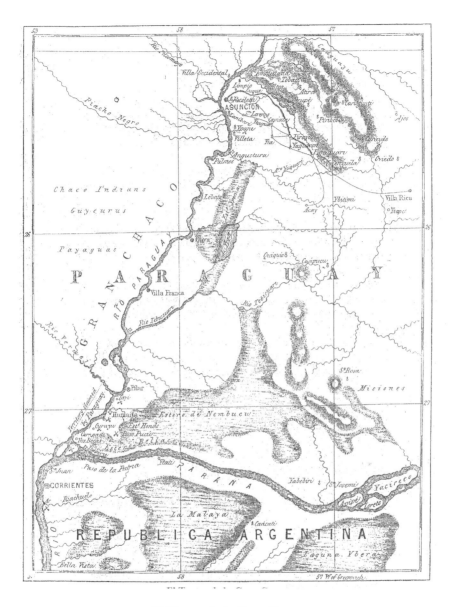

El Teatro de la Gran Guerra
Masterman, 1.870

# 9. REVELACIONES SOBRE
'El Viejo Capitán'

Mención hecha del interrogante Capitán Falcón en el libro de George Frederick Masterman evoca la historia de un ciudadano paraguayo de gran estatura.

El mismo José Falcón, capitán del navío, hacía un papel muy importante en su país mediado del siglo diecinueve.

Este autor saca a colación este individuo porque el intercambio mencionado anteriormente entre Falcón y Masterman era civil y Masterman tuvo la presencia de ánimo reconocer esto durante una época de grandes dificultades personales.

Los detalles de la carrera del Capitán Falcón fueron publicados en el año 2.002 por el distinguido periodista chaqueño, Don Salvador Garrozo Simón, en su épica historia personal de Villa Hayes: LA CUIDAD DE CINCO NOMBRES (1.786 – 2.001):

El Dr. José Falcón

Nació en el año de 1.810, en Asunción, durante el período Francista; vivió en Misiones luego y desde el año 1.844, comenzó ejerciendo diversas magistraturas judiciales.

Desde 1.844, fué escribiente y luego     Jefe de Archivos, Ministro del Interior, Ministro de Relaciones en el gabinete de Don Carlos Antonio López.

Era Canciller Nacional de la República; y en tal carácter se enfrentó con firmeza y valentía al enviado brasileño Almirante Pedro Ferreira de Oliveira quien en el año de 1.855, llegó al frente de una poderosa escuadra naval, pretendiendo imponer condiciones. Por supuesto, no solamente no pudo hacer nada, sino que el Dr. José Falcón hizo que retrocediera con toda su escuadra y que volviera en una sola embarcación. Ese era el carácter de nuestro gran hombre defensor de la soberanía del Chaco…

Después de haber transcrito mi 'confesión', el viejo capitán me permitó salir de la choza. Me dió medio pan de chipa y me prometió que el día siguiente, me cambiarían los grillos pesados por unos más ligeros. (página 122).

El avance de los brasileños forzó la mudanza de los presos de Villeta a Pikysyrí. Durante su estadía allí, Bliss y Masterman fueron instados escribir sus historias personales de la conspiración contra el gobierno, con el fin de asegurar su liberación.

En esto el señor Bliss tuvo mucho éxito: su historia alcanzaría trescientas veinte y cinco páginas. Masterman fue reprobado en su tarea al producir sólo doce páginas. (página 248)

Ocupado en este ejercicio evitó Masterman torturas duras cuando el Capitán Falcón convenció a los otros inquisidores que él –Masterman –no conocía a los miembros del comité de conspiradores que se había reunido en la casa de Bliss—según su historia ya escrita. (página 249)

Market Place Asuncion

En la Pos Guerra, desempeño con eficiencia múltiples funciones.

Fué por supuesto reorganizador de nuestro Archivo Nacional, fué su primer director.

Gracias a los conocimientos del Dr. José Falcón,…el Dr. Benjamín Aceval pudo en gran medida presentar su magistral como legítima defensa del inalienable derecho de nuestro territorio…podemos decir que el Dr. José Falcón fué la pieza más importante en la recuperación de nuestra soberanía. El se encargó de copilar, buscar, y archivar todos los documentos que tenían relación con nuestra defensa….

Siempre que hablemos del Chaco Paraguayo, aparece de una u otra forma, o el Dr. R. B. Hayes o el Dr. Benjamín Aceval, relegando a veces un poco a este gran servidor de la patria que es el Dr. José Falcón.

Justamente en el trabajo organizativo y eficiente del Dr. José Falcón se fundamentó el Alegato Celebre del Dr. Benjamín Aceval. Con toda justicia un fortín lleva su nombre; y hoy por hoy es un internacional puerto anexo a la Argentina.

Este ilustre paraguayo muere en al año de 1.883. (páginas 214-215).

Departamento: PTE. HAYES (15) Sur

VILLA HAYES

REPÚBLICA ARGENTINA

JOSE FALCON

BENJAMIN ACEVAL

25.

NANAWA   ASUNCIÓN

FUENTE: DIRECCIÓN GENERAL DE ESTADÍSTICA, ENCUESTAS Y CENSOS. CENSO NACIONAL DE POBLACIÓN Y VIVIENDAS 2002.

De interés también al recordar la vida del Dr. José Falcón es 'la leyenda' de su ingeniosidad de "enterrar un féretro con documentos importantes:

Cuando luego de la evacuación, se iniciaron los saqueos, un grupo de invasores inició el sacrilegio de robar a los muertos; pero seguramente se encontraron con la tumbra de una 'leprosa' y ésta no la tocaron…y así dice la leyenda que nuestros mejores documentos se salvaron. (página 26).

(D. José Falcón)

# 10. BLISS Y MASTERMAN II
## La gran Controversia sobre su Liberación

Los dos oficiales uniformados, que fueron mencionados anteriormente, eran los capitanes Kirkland y Ramsey del cañonero WASP. A bordo este barco de guerra con ellos estaban el jefe de la escuadra sudátlantica, el Contraalmirante Davis, y el nuevo ministro residente para el Paraguay el General Martin T. McMahon.

Durante este viaje fluvial desde Buenos Aires, los cuatro oficiales formularon un plan de 'intercambiar' los presos y el nuevo ministro residente para el Paraguay el General Martin T. McMahon.

Este plan de rescate fué interrumpido cuando pidió López la presencia de oficiales del WASP en el tribunal donde los presos habían sido interrogados.

El Capitán Ramsey testificó así frente el comité Congresional:

Fué la intención del Presidente entregar a los presos al Contraalmirante Davis inmediatamente; pero antes de cumplir esta promesa, quería el Presidente que las declaraciones de Bliss y Masterman se verificaran en la presencia de un oficial de los Estados Unidos. (página 177)

Este acuerdo entre López y Davis ocurrió el 3 de diciembre de 1.868. En su carta No. 156 al Secretario de la Marina de Guerra, Gideon Welles, en Washington, Davis relató que:

López y yo nos reunimos en su campamento y me avisó que él no consideraría a los presos 'miembros de la legación americana' como yo los había caracterizado, y que quería él que yo retractara mi carta por su actitud amenazante.

Esto hice y preparé otra contestación de acuerdo con su deseo de que nombrara a dos oficiales superiores para 'verificar' las declaraciones de Bliss y Masterman. (PARAGUAYAN DIFFICULTIES, 40th U.S. Congress, Executive Document No. 79, páginas 82-92)

Cuando se dió a conocer esta correspondencia entre López y Davis, se armó un tremendo lío en el mundo oficial de Washington, y a la vez engendró dudas sobre la competencia del Almirante Davis.

Pero los suboficiales del almirante—los capitanes Ramsey y Kirkland— no se metieron en el embrollo porque estaban bastante familiarizados con los detalles de la intriga que existía entre López y los partidarios de la supuesta conspiración. Testificó Kirkland:

Mi impresión del tribunal y las declaraciones era que el asunto era una patraña, y que el Almirante Davis nos quería manejar con delicadeza una situación sin predicción. Los paraguayos creían que nuestras firmas en los documentos justificarían las declaraciones en los Estados Unidos, pero no fué así.

Teníamos el propósito de satisfacer a los tribunales; era cuestión administrativa. Pero de veras el ejercicio era una perfecta mojiganga. (página 212)

El General McMahon, pasajero en el WASP durante el viaje de rescate, interpretó las acciones del Capitán Davis asî, cuando testificó el 4 de noviembre de 1.869:

Preguntó el Señor Wilkinson del Comité Congresional: ¿Con qué fin se le fue devuelta al Contraalmirante Davis su carta al Mariscal López?

Respuesta del General McMahon: El contraalmirante me contó que en su entrevista con López, el mariscal se sentía humillado por la carta, razón por la cual Davis decidió escribir otra más moderada.

McMahon razonó que desde su propio punto de vista, Davis "podría con toda propiedad sustituir otra carta."

Continuó el Señor Wilkinson:

¿Satifizo la segunda carta a López? Contestó McMahon:

"No recuerdo; pero sé que el Presidente López quería que

Bliss y Masterman salieran del país como presos y que Davis se lo prometió." (página 227)

Pero para Davis, no era posible asegurar tal tratamiento porque no sabia por su propia cuenta nada de su inocencia o culpabilidad.

Davis y McMahon se decidieron entre sí que Bliss y Masterman no debieran comunicarse con el exterior durante el viaje a Río de Janeiro, para que no hubiera informes que ayudaran a los triplealiados.

Esta conclusión se justificó en mantener la neutralidad de los Estados Unidos. Pero Bliss y Masterman se quejaban de que su encierro a bordo del **WASP** constituía un acuerdo con López y que verdaderamente eran presos.

Otro punto de vista sobre este desacuerdo fue ofrecido por H. G. Worthington, ministro residente estadounidense a la República Argentina y al Uruguay. El dio su testimonio en Washington, D.C., el 10 de noviembre de 1.869:

Worthington cumplió una entrevista con Bliss y Masterman a bordo del **GUERRIERE** y comentó que "claramente eran presos." Además, Worthington dió testimonio sobre una carta que recibió del General McMahon, en la cual McMahon afirmó que Bliss y Masterman "fueron recibidos por el Contraalmirante Davis con el fin de entregarles al gobierno de los Estados Unidos para procesarles según las acusaciones del Presidente López." (página 231)

# 11. JAMES WATSON WEBB
### Su Envolvimiento en la Controversia

Durante la época de la Gran Guerra en el Paraguay, servía de ministro pleni-potenciario en el Brasíl James Watson Webb de Nueva York. Era fundador y redactor del diario THE COURIER de la ciudad de Nueva York. Cuando estaba a punto de fracasar esa empresa, la vendió y le pidió al Presidente Lincoln un puesto diplomático.

Sirvió de ministro al Brasíl durante los años 1.861-1.869, Aparte de sus quehaceres diplomáticos, preparó un plan de colonización en la región amazónica para los ex esclavos de Norteamérica después de la Guerra de Secesión; pero el Presidente Lincoln no le hizo caso.

El nombre de Webb figuraba prominentemente en la Investigación Paraguaya con respecto al rescate de Bliss y Masterman. Webb avisó a McMahon cuando llegó a Rio de Janeiro de escala que "no debiera ir al Paraguay por 'la locura' de presentar credenciales del gobierno de los Estados Unidos a 'un miserable' que tan recientemente contra la nación norteamericana había cometido una atrocidad tan grande." (página 250).

Respondió McMahon: "Hay interpretaciones distintas de lo que ocurrió en el Paraguay, y yo no puedo enterarme de la verdad antes de llegar allá." (página 250)

Webb contestó que "había una sola versión de la verdad, y esta es la relató Washburn; y yo no estoy de acuerdo con él." (página 250)

"Ademas," dijo Webb, "su deber actual es muy sencillo: no tener nada que ver con el Paraguay. López, por su acto de guerra en detener a dos miembros de la legación norteamericana ha causado la suspensión de los órdenes diplomáticos de Vd.; y lo único que Vd. Puede hacer es esperar una resolución de parte de nuestro gobierno." (página 250)

No obstante eso, McMahon y Davis formularon su plan de rescatar a Masterman y Bliss.

Cuando Webb fue enterado de la circunstancias del rescate, casí se volvió loco.

Inmediatamente Webb despachó una nota de protesta al Secretario de Estado, William Seward, el 7 de abril de 1.869:

> ....nuestro almirante y ministro consintieron ofuscar la demanda de identificación para el insulto a la legación norteamericana, y acordaron recibir a los asociados Bliss y Masterman como presos a bordo del mismo barco de guerra que se debía utilizar para el des quite. Davis y McMahon llegaron al Paraguay con el fin de reparar la afrenta pero dejaron nada más que alabanzas y recompensas.

Continuó Webb a Seward:

> ....cada americano en esta región y todos nuestros amigos aquí deploran profundamente 1a. desgracia acordada por esta ignorancia y desatino. (página 261)

En su despacho a Seward del 24 de abril de 1.869, Webb escribió un resumen del problema diplomático desde su punto de vista. Este informe constituyó la base fundamental de la 'Investigación Paraguaya':

El objeto principal del Ministro McMahon en irse al Paraguay y en presentar sus credenciales diplomáticos fue salvar la reputación del Contraalmirante Davis por demostrar que no había motivo temer a López, y que de veras Washburn se había comportado como cobarde como Davis había alegado. (página 262)

Después del último testimonio de James Watson Webb, el comité investigador Congresional volvió a llamar para la audiencia del 15 de noviembre de 1.869, al ex-ministro McMahon.

Había dudas sobre la justificación y la necesidad de mantener una legación en el Paraguay donde había en esta 'época pos Washburn' sólo dos ciudadanos norteamericanos.

*Harper's Weekly,* 1.858

Por esta razón el comité quería que McMahon aclarara el asunto. Su respuesta fué profunda:

Si el Brasil alcanza destruir al Paraguay, la República Argentina será su próxima víctima, y luego toda la región de la Plata estará baja el control del imperio.

Los Estados Unidos deben ser el protector implícito del republicanismo en Sudamérica—y especialmente en el caso de los avances bélicos de un poder esclavista como el Brasil. (páginas 280-281)

Sectretario de Estado Wm Seward
Foto por Mathew Brady. 1.864

# 12. BLISS Y MASTERMAN III
### Su tratamiento en el Viaje por Mar

El supuesto maltratamiento de Porter Bliss y George Masterman a bordo de los buques de guerra WASP hasta Montevideo y GUIERRIERE hasta Río de Janeiro era un tema central de la 'Investigación Paraguaya', 1.869 - 1.870.

El asunto se ha prestado a varias interpretaciones basadas principalmente en el testimonio de los oficiales médicos de los barcos.

Testificó primero George W. Gale de Exeter, New Hampshire, que sirvió en el **WASP** desde agosto de 1.865 hasta enero de 1.869, como cirujano auxiliar.

Relató Gale durante su examinación en Nueva York, el 25 de octubre de 1.869, que Bliss y Masterman se embarcaron en el **WASP** el 10 de diciembre de 1.868, andrajosos, sucios, y debilitados:

El Señor Smith, jefe executivo del barco, me dijo, que siendo presos, no debiera conversar yo con ellos. Pero le contesté que uno de ellos (Bliss) estaba muy enfermo con dolor de estómago, y yo tenía la obligación de ayudarle. Conversé cada día durante el viaje con Bliss hasta Montevideo con respecto a su condición física. Di instrucciones al camarero del barco sobre las necesidades de Bliss y Masterman, y creo que se les suministró lo necesario. (páginas 161-162)

Gale testificó además que el Capitán Kirkland pidió de él informes sobre la tortura de Bliss y Masterman en el campamento de López; pero aparte de esto, los 'presos' no se comunicaron con los otros oficiales del **WASP** –ni con Ramsay, Davis o McMahon.

El diputado Willard del comité investigador preguntó si había evidencia do los grillos en los tobillos de los 'presos'. Respondió Gale que aunque los pantalones parecían desgarrados por los grillos, ni Bliss ni Masterman se quejaron de tener lesiones en los tobillos. (páginas 162-165).

El segundo testigo durante la audiencia del 25 de octubre 1.869, fué Luther C. Carpenter de la ciudad de Washington, sargento de la infantería de marina en la capitana GUIERRIRE desde el 17 de junio de 1.867 hasta el 12 de abril de 1.869. A Carpenter se le ordenó encargarse 'los presos'; específicamente:

> ...no permitir que conversaran con otros miembros de la tripulación ni con visitadores; no permitirles escribir cartas sin haberlas examinado el capitán del buque. (páginas 164 - 165)

EI tercer testigo el día 25 de octubre de 1.869, fué el cirujano mayor de la capitana GUIERRIERE y de la escuadra sudatlántica, Marius Duval. Dijo Duval que Bliss y Masterman se embarcaron en el GUIERRIERE el 22 de diciembre de 1.868. Relató que su impresión era que no había evidencia de maltrato de los pres os a bordo del GUIERRIERE. (página 172) Pero también dijo Duval que el ambiente político a bordo del GUIERRIERE era difícil en el sentido de que todas las conversaciones sobre la bestialidad del Presidente López se prohibieron; pero las de la cobardía del ex-ministro Washburn se permitieron.

Se justificaba esta actitud, según Duval, porque los altos oficiales de la escuadra sudatlántica estadounidense tenían motivos personales en sostener relaciones útiles en el Paraguay: aprovisionarse con yerba mate y establecer contacto con el General McMahon porque el Capitán Ramsey se iba a casar con la hermana de McMahon en Buenos Aires. Duval relata que ellos:

> ...hicieron su viaje en el **WASP** hasta Angostura, recibiendo el permiso de los aliados pasar el bloqueo. Se reunieron con McMahon, con López, y con la consorte del presidente, la Señora Lynch.

> Al volver de este viaje, el Teniente Davis, hijo del contraalmirante y miembro de la dotación del **WASP**, dijo que "hemos pasado un tiempo muy agradable con la Señora

Lynch en su coche de viaje, y ella presentó a unas chicas muy lindas para atender nuestra mesa" (página 173)

Duval agregó que él había sugerido mucho cuidado por parte de los oficiales. de la marina de guerra en hablar mal del ex-ministro Washburn porque "en toda probabilidad el General U.S. Grant sería el próximo presidente, nombrando a "una posición muy alta a Elihu B. Washburne, hermano mayor de Charles, el ex-ministro al Paraguay". Duval opinó que sería prudente que la Marina de Guerra hiciera lo posible para evitar la enemistad de los políticos poderosos.

Este testimonio por parte de Duval ejemplifica el cisma que se había desarrollado entre los intereses diplomáticos 'pro-Washburn' y los de la Marina de Guerra en la Plata.

Esta división luego resultó en la inhabilidad del comité Congresional llegar a un consenso.

Al final, el General U.S. Grant fué elegido Presidente e inmediatamente nombro a Elihu Washburne Secretario de Estado. El turno de Washburne duró sólo once días, ostensiblemente por su agotamiento físico. Durante estos días su único acto oficial fue la retirada de McMahon de su mando.

En efecto, los Estado Unidos abandonaron el Paraguay hasta 1.873, cuando el ministro estadounidense, General Caldwell, visitó el país desde la nueva sede diplomática de Montevideo.

# 13. EN BUSCA DE LA VERDAD
El Testimonio de Francis M. Ramsay

Francis M. Ramsay, capitán del GUIRRIERE, comenzó su testimonio frente al comité Congresional el 26 de octubre de 1.869.

Él era uno de los representantes estadounidenses enviados al tribunal paraguayo en Villeta en diciembre de 1.868, para 'verificar' las declaraciones de Bliss y Masterman—un protocolo negociado entre el Contraalmirante Davis y el Presidente López. Ramsay refirió a su diario personal en relatar al comité los siguientes detalles del tribunal:

> "Estoy seguro que Bliss mintió y creo que Masterman hizo
> lo mismo;
> Bliss refirió a cosas que yo sé no eran la verdad;
> Nunca he visto a nadie tan miedoso como Masterman." (páginas 178-179)

Ramsay y Kirkland volvieron al **WASP** el mismo día, el 8 de diciembre de 1.868, a las nueve de la noche. Bliss y Masterman llegaron en la mañana del 10 de diciembre.

Ramsay opinó al comité que en el Paraguay, Bliss y Masterman fueron considerado como 'criminales'. Además, el Presidente López, por su supuesta amistad con los Estados Unidos, acordó entregar a los dos asociados al **WASP** bajo el acuerdo con Davis que recibieron ellos el 'castigo necesario'. (página 180)

Varios miembros del comité investigador insistían que Capitán Ramsay y el Comandante Kirkland, durante su misión a Villeta, tenían la obligación de investigar la supuesta tortura de los presos.

Ramsay respondió que el Contraalmirante Davis los mandó a él y a Kirkland al tribunal sólo con el fin de averiguar las firmas de los presos, según el acuerdo con López, y no instituir una investigación sobre su tratamiento.

El Capitán Ramsay añadió que él no daba creencia a todos los casos de tortura enumerados por el ex-ministro Washburn porque en un caso, él "había cenado con un supuesto difunto verosímilmente torturado y matado por los asociados de López". Además, Ramsay mencionó el informe de un diario de Buenos Aires que relató que "López mató a su madre", y luego, que su mamá "se suicidó por el horror de las actas de barbaridad del mariscal para con sus hermanos", Pero, dijo el capitán, "la señora estaba viva cuando yo estaba en el país." Ramsay opinó que en realidad, "López no tenía la responsabilidad de· la mitad de las atrocidades atribuidas a él. (página 185)

En el memorial de Bliss y Masterman, acusaron a los oficiales del **WASP** de haber recibido 'regalos' en el campamento de López—aludiendo a una forma de sobornar a los oficiales norteamericanos.

Ramsay aclaró el asunto de la siguiente manera:

> Mientras esperábamos el tribunal, un joven nos aceró llevando una camisa ahô poí. Yo le pregunté: ¿"Es de tu país?" Me respondió que sí; y luego, me regalo una toalla ejemplar de la misma materia—la cual traje conmigo para mostrar al comité.

> Además, nos ofrecieron a Kirkland y a mi durante el tribunal puros y caña. Yo no tomo alcohol ni fumo; pero el Comandante Kirkland se aprovechó de los dos. (página 178)

Concluyó Ramsay: "ni recibimos nada para comer, y estaba yo en Villeta desde las ocho de la mañana hasta las nueve de la noche sin nada, ni un trago de agua." (página 181)

# 14. CHARLES HENRY DAVIS
## Desde la Sartén hasta las Brasas

El Contraalmirante Davis, Comandante de la Escuadra Sudatlántica, 1.867-1.869, testificó frente al comité Congresional el 27 de octubre de 1.868 en la ciudad de Nueva York.

Dijo haber acompañado al General McMahon desde Río de Janeiro a Angostura en el Río Paraguay antes de recibir órdenes de Washington "remediar la pésima situación en el Paraguay" con respecto a los dos miembros detenidos de la ex legación norteamericana.

Davis dijo que 'anticipaba' el orden del gobierno estadounidense—razón por la cual optó aliarse con el General McMahon en 1) desembarcar al nuevo ministro residente en el Paraguay, y 2) rescatar a los ex-asociados de Washburn de aquel país.

Según las complicadas instrucciones Davis recibió al volver de Angostura, se le mandó:

> ...proceder inmediatamente con una fuerza suficiente para tomar las medidas necesarias para prevenir violencia a las vidas y propiedades de ciudadanos norteamericanos allá, y con discreción demandar y obtener remedios inmediatos para cualquier insulto o violencia cometidos arbitrariamente contra la bandera o la ciudadanía estadounidense. (**PARAGUA-YAN DIFFICULTIES**, op. cit. página 85)

Estos órdenes desde Washington el 18 de noviembre de 1.868, constituyeron un acuerdo entre el Presidente Andrew Johnson (sucesor al asesinado Lincoln), el Secretario de la Marina de Guerra, Gideon Welles, y el Secretario de Estado, William Seward.

Hay que señalar que había animosidad entre el Secretario Welles y la familia Washburn; y quizás este hecho haya complicado aún más los arreglos oficiales del gobierno norteamericano con respecto a Charles Washburn, al General McMahon, y a la marina de guerra.

Se puede suponer con amplia justificación que semejante antipatía contribuyera en parte a la controversia sudatlántica de la época triplealiada.

Recibidas con los órdenes del 18 de noviembre de 1.868, una serie de estipulaciones contingentes que dieron al Contraalmirante Davis hasta cierto punto la libertad actuar de acuerdo con sus propias convicciones.

1. Avisó Seward a Welles que el plan de mandar una escuadra de guerra al Paraguay debe ser a la discreción y según el juicio del contraalmirante;

2. Recomendó Welles a Seward que el General McMahon compartiera con el contraalmirante;

3. Welles expresó a Seward y al Presidente Johnson su opinión que la escuadra sudatlantica no poseía barcos, tropas, ni armas de guerra suficientes para hacer cumplir las demandas requisitas.

Por lo tanto, Welles instruyó a Davis que dependiera de sus propios informes y su juicio personal, consultando frecuentemente con el Ministro McMahon. (PARAGUAYAN DIFFICULTIES, op. cit. página 86)

Welles concluyó su mensaje a Davis, el 21 de noviembre de 1.868, con las siguientes observaciones:

El departamento [Marina de Guerra] no posee los hechos y las circunstancias suficientes para darle a Ud. instrucciones definidas, pero dependemos de su juicio en formar conclusiones correctas con respecto a esta emergencia.

Se ha representado que los señores Bliss y Masterman fueron detenidos por fuerza, pero el Comandante Kirkland no aludió a esto en su correspondencia.

No permitimos ninguna atrocidad a nuestra bandera o a nuestros ciudadanos y el honor de nuestra nación y sus ciudadanos les cabe a ustedes defender.

Hay que proceder con firmeza pero evitar temeridad o violencia innecesarias. (PARAGUAYAN DIFFICULTIES, op. cit. página 87)

Se nota en esta correspondencia tres temas casi incompatibles:

1. Tomar la acción necesaria;
2. No correr riesgos;
3. Usar buen juicio

La verdad (según la interpreta este escritor), es que el Contraalmirante Davis junto con McMahon irónicamente seguía estas instrucciones a la letra, sin haberse enterado de ellas anteriormente.

Pero en las audiencias del comité investigador del Congreso estadounidense, Davis fue crucificado. El diputado Wilkerson le criticó por no actuar respecto al insulto de López en acusar a Washburn de haber desempeñado un papel en la supuesta 'conspiración'. Respondió Davis que no le correspondía a él ser el vindicador de Washburn.

Además, el testimonio del Capitan Kirkland reflejó la actitud del Contraalmirante Davis en 'manejar con delicadeza' sus negociaciones can López para llevar a cabo el rescate de los presos y desembarcar a McMahon sin peligro a él, Con respecto al proceder del contraalmirante, Kirkland testificó que el habría hecho lo mismo que Davis. (página 212)

Contradictorias son las declaraciones del ex-ministro plenipotenciario al Brasil, James Watson Webb, del **NEW YORK TIMES**, el 28 de enero de 1.868:

> El Contraalmirante Davis tenia a sus órdenes cinco vapores capaces de subir el Río Paraguay—una fuerza más grande que los agregados de Inglaterra, Francia, España, e Italia en la región ... pero nuestra flota se quedó desocupada en la bahía de Río de Janeiro.

Hay que notar que el **NEW YORK TIMES** engendró la investigación Congresional al imprimir la siguiente declaración de Webb:

> Como consecuencia de la negligencia del contraalmirante y 1a desgracia consecuente a nuestro honor nacional, se ha armado un escándalo público en grande. No es posible que los

dos tengamos razón. Uno de nosotros tiene la culpa. Yo o el contraalmirante debe ser censurado con severidad o retirado. (página 245)

Nada de esto ocurrió a pesar de esta declamación. La investigación Congresional tardó más de un año. Davis se quedó en su puesto hasta 1.869, como Webb también.

En mayo de 1.870, los resultados de la investigación se publicaron. Había dos reportajes: el de la mayoría del comité no mencionó al Contraalmirante Davis; el de la minoría del comité halló que "Davis no había hecho nada que pudiera causar su censura por el gobierno, y que había cumplido sus órdenes con buen juico." (página xxx).

En la biografía de su padre (1.899), Charles Henry Davis Jr. escribió que "nunca se había revelado la opinión del Almirante Davis sobre la situación paraguaya". Las negociaciones con López, el. rescate de Bliss y Masterman, y la desembarcarían de McMahon constituyeron la realización del mandato del almirante; pero las circunstancias rodeando estos fines fueron el sujeto de una investigación Congresional—la cual condujo a un ataque personal al almirante, instigado por el ex-ministro al Paraguay quien era miembro de una familia políticamente poderosa.

Este ataque dejó deshonrado al almirante al terminar una carrera ilustre y distinguida de más de cuarenta y cinco años.

Dijo uno de sus asociados navales:

> El comportamiento del Almirante Davis era en realidad un ejemplo de su juicio superior, patriotismo, y responsabilidad profesional, que siempre la distinguían.

Davis volvió a los Estados Unidos en junio de 1.869, comandante de la estación naval en Norfolk, Virginia por tres años, luego director del Observatorio Naval en Washington, donde murió el 18 de febrero, 1.877, víctima de paludismo. (**LIFE OF CHARLES HENRY DAVIS**, 1.807, 1.877), por su hijo Captain Charles H. Davis, USN; Boston, Houghton-Mifflin, 1.899, páginas 326-334.

Charles Henry Davis
Smithsonian Institution Archives

# 15. REALIDADES NAVALES
## El Testimonio de David Dixon Porter

A punto de terminarse las audiencias del comité Congresional en Nueva York en noviembre de 1.869, el Vicealmirante David Dixon Porter fue llamando a testificar con respecto al protocolo seguido por una fuerza militar neutral en un teatro de guerra como el que existía en el Paraguay.

Porter había servido como jefe superior de la marina de guerra, y su testimonio fue muy importante en iluminar a los diputados del comité con respecto a lo que anticipaban enfrentar y cómo actuar los oficiales militares, dadas las circunstancias del bloqueo brasileño.

El primer tema tratado por Porter fue el del bloqueo existente en el Río Paraguay. Porter citó el protocolo que exige que:

> …un comandante naval debería consultar con el jefe de su departamento cuando haya una posibilidad de que sus acciones pongan en peligro la paz de la nación.

Dijo que por su parte:

> …no habría tratado de saltar un bloqueo si hubiera sabido que esto involucraría al país en una acción bélica.

Porter opinó que "el gobierno no apoyaría a un comandante que tratara de romper un bloqueo sin la fuerza suficiente."

Con respecto al embrollo corriente de la investigación, el vicealmirante verificó que "semejante choque de intereses nunca había ocurrido en la historia de la marina de guerra excepto en el caso del Paraguay."

Su opinión en cuanto a la conducta del Contraalmirante Davis era que "Davis probablemente haya evitado otro conflicto militar dentro del 'teatro de guerra' ya existente en el Paraguay." (página 295)

El testimonio del Vice Almirante Porter fortaleció y justificó las decisiones del Contraalmirante Davis; pero no solucionó por completo la cuestión de la competencia de Davis según el testimonio anterior del ex-ministro al Brasil, James Watson Webb, que:

> ...el Contraalmirante Davis es amable, cortes, y superior en su conocimientos científicos; pero él es totalmente ignorante en cuanto a los derechos de las legaciones, los principios de la diplomacia, y los derechos y obligaciones de nuestros ministros y comandantes de navíos de guerra en el extranjero. (página 251)

David Dixon Porter
(1.813-1.891)
Almirante de La Marina de Guerra

El Cañonero **U.S.S. WASP**
Dibujo por C.J.A. Wilson
(U.S. Naval Institute, Annapolis Maryland)

# CERTIFICATE OF BRITISH REGISTRY.

-del registro británico de buques-
1.864

# 16. EN HOMANAJE AL CAÑONERO WASP
Com comentarios sobre temas relacionados

Entre los 'héroes' de la Gran Guerra en el Paraguay figura el cañonero U.S.S. **WASP** . Por raro que sea tributar a un barco, pero la verdad es que el WASP prestó servicios heróicos en una época pelegrosa y difícil—sin sufrir averías ni descargar un solo tiro.

Para los oficiales de la marina de guerra estadounidense, el **WASP** era un compañero paciente y fiel. Sumamente interesante es la história de este buque de guerra por muchos motivos:

La misión original del **WASP** había sido burlar los bloqueos federales durante la época de la Guerra de Secesión en Norteamérica, después de salir de los astilleros de Liverpool, Inglaterra 1.864.

Se construyen busques de esta clase para poder penetrar los puertos de los estados sureños de la 'confederación esclavista' que el gobierno federal había efectivamente cerrado al tráfico comercial de algodón—destinado a las hilanderías de Francia e Inglaterra—a tal grado que la mayoría de estas fábricas se tuvo que cerrar, dejando a los obreros en la miseria.

En su historia de la marina de guerra estadounidense (1.899), John R, Spears cita como ejemplo el condado de Lancashire, Inglaterra, 'donde los filántropos donaron alrededor de diez millones de dólares para dar de comer a los hambrientos durante los primeros años de la Guerra de Secesión. (página 47)

Por consiguiente, el precio de algodón se aumentó extravagantemente—tanto que en muchos casos, la carga de los burladores valía mucho más que el valor del barco mismo.

Esto fue el caso en diciembre de 1.864, cuando **WASP** (nombrado **EMMA HENRY** en aquel entonces) fue detenido por un cañonero federal, el **CHEROKEE**, fuera del puerto de Wilmington, Carolina del Norte, con seiscientos balas de algodón y seis barriles de trementina.

Según el archivo del New York Prize Court, esta carga fue rematada en el puerto de la ciudad Brooklyn, Nueva York, por $204,000; el barco fue vendido a la marina de guerra de los Estados Unidos por $85,000. (National Archive, New York City).

Después de algunas reparaciones en el puerto de Filadelfia, Pennsylvania, el buque **EMMA HENRY**, renombrado el WASP, recibió órdenes de unirse a la escuadra sudatlántica en Río de Janeiro, Brasil.

Por su calado de poca profundidad—característica de buques de esta clase— el WASP fue asignado a las rutas fluviales dentro del territorio rioplatense.

Se inició el servicio del WASP en esta capacidad a mediados de un largo y amargo desacuerdo entre el ministro residente al Paraguay, Charles A. Washburn y el entonces comandante de la escuadra sudatlántica, el Contraalmirante Sylvanus Wm. Godon (véase página ii). De esto resultó un cisma entre el servicio diplomático y la marina de guerra en la región platense que duró unos cuantos años y provocó la 'Investigación Paraguaya' en Washington 1.869 - 1.870.

El origen de este vórtice político tenía mucho que ver con el regreso del recién casado Ministro Washburn con su esposa Sally en octubre de 1.865, a su sede diplomática,

Por la existencia del bloqueo brasileño en el Río Paraguay en aquella época, Washburn le pidió al Contraalmirante Godon que le ayudara en llegar al Paraguay.

En su testimonio frente al Comité Investigador, el 14 de abril de 1.869, Godon declaró que no pudo efectuar lo pedido por Washburn por varias razones:

1. la necesidad de hacer reparaciones al **WASP**;
2. la falta de carbón para un viaje tan largo;
3. el peligro corrido al tratar de burlar el bloqueo brasileño;
4. la dificultad de comportarse según las normas diplomáticas en el Paraguay por culpa de la Gran Guerra.

Después de un año de espera, el contraalmirante autorizó el traslado en otro barco de la escuadra, el cañonero SHAMOKIN, de Washburn y su esposa con tal que se lograra conseguir permiso del Brasil pasar el bloqueo.

El Almirante brasileño Tamandaré se lo dió 'bajo protesta' al Comandante Peirce Crosby del SHAMOKIN; y dentro de poco los Washburn desembarcaron en Curupaití.

Con respecto a esta misión, Crosby contradijo en parte el testimonio de su jefe, el contraalmirante Godon, alegando que:

1. Había suficiente carbón en Rosario y en Corrientes para que un cañonero pudiera efectuar un viaje de ida y vuelta entre Montevideo y Asunción;

2. que la capitanía del bloqueo brasileño en realidad no sabía nada del supuesto permiso conseguido por Godon, permitiendo a Crosby pasar libremente a Curupaiti;

3. no existían en es época condiciones que ponían en peligro la salud de la tripulación del **SHAMOKIN**, como calor excesivo y colero asiática, como mantenía el contraalmirante.

Ruinas de Humaitá

Comandante Peirce Crosby

Según Crosby, su éxito en persuadir a Tamandaré permitir el SHAMOKIN pasar el bloqueo, aunque bajo 'protesta', resolvió el dilema causado por las órdenes contradictorias oficialmente recibidas—los dos mandatos oficiales—escoltar al ministro hasta el Paraguay, según las instrucciones del Departamento de Estado, por un lado, y no causar un incidente belicoso, desaprobado por la marina de guerra, por otro lado.

De veras, la vacilación del Contraalmirante Godon tenía que ver también con su sospecha que Washburn tuviera la intención de proveer al Presidente López del Paraguay un 'salvoconducto' como una condición para terminar la guerra.

Cañonero SHAMOKIN
Cortesía de Erik Heyl

Concluyó el Representante Thomas Swann, del Comité:

> El Contraalmirante Godon no quería someterse al mando del Señor Washburn a menos que resultara en responsabilidades contrarias a las instrucciones recibidas de la Marina de Guerra. (**The Congressional Globe**, 5 de enero de 1.870, página 328)

En su **Historia del Paraguay** (1.870), el ex-ministro Washburn aludió a una actitud de prejuicio por parte del diputado Swann en la siguiente declaración:

Se debe mencionar también que un miembro del comité de asuntos extranjeros, Thomas Swann de Maryland, defendió y justificó a los almirantes de la marina de guerra durante la duración entera de las audiencias. (Tomo II, página 555)

El caso del regreso del Ministro Washburn y su esposa al Paraguay, el cinco de noviembre en el SHAMOKIN, tenía que ver, según Godon, con dos factores: 1) la comodidad del buque, y 2) su armamento mucho más superior a el del WASP.

Pero en esta extraña historia de rivalidades y contradicciones, había otro factor dañino a la reputación del Contraalmirante Godon—el cual era la intención de Godon navegar hacia Entre Ríos con el fin de visitar con el General Urquiza, una persona de gran influencia en la provincias de la Confederación Argentina.

El entonces ministro estadounidense a la Argentina, Robert C. Kirk, había aconsejado a Godon que no hiciera el viaje porque no serviría ningún propósito oficial y ofendaría al gobierno argentino dada la amargura historía que existía entre Urquiza y el Presidente Mitre.

El Contraalmirante Godon respondió que "no estaba bajo el control de los diplomáticos y que su único jefe era el secretario de la marina de guerra;" y así comenzó el lío envolviendo Godon y el cuerpo diplomático. (**Paraguayan Investigation**, página 49)

Sylvanus Wm. Godon
Cortesía: Naval Historical Foundation
Washington, D.C.

No revelado en el testimonio del Comité Congresional era el motivo verdadero del Contraalmirante Godon en querer visitar a Urquiza: saludarle a él como representante de los ex-oficiales de la **Expedición Paraguaya** de 1.859. Dicha expedición intervino en una disputa con el presidente paraguayo, Carlos Antonio López, sobre el ataque al vapor estadounidense **WATER WITCH** que resultó en la muerte del timonel Samuel Chaney.

El General Urquiza ofreció su ayuda en resolver el conflicto; y de esta manera, su diplomacia impidió una confrontación de armas.

Lamentablemente, las acciones del Contraalmirante Godon, y su egoísmo chocante, amargaron las relaciones entre los oficiales de la marina de guerra y el cuerpo diplomático, Godon fué censurado por el Comité Congresional en 1.870. Según James Watson Webb, el ministro al Brasil, Godon "sufría de una degeneración cerebral". (la **INVESTIGACION PARAGUAYA,** op. cit., página 268)

Volviendo al tema principal de este capítulo—la historia del cañonero **WASP** durante la 'Gran Guerra'—se nota que este buque cumplió dos viajes muy importantes despues de el del SHAMOKIN. El primero fue la reembarcación del Ministro Washburn, el 10 de septiembre de 1.868. Entonces los 'presos' Bliss y Masterman fueron canjeados por el nuevo ministro residente, el General Martin McMahon, el 10 de diciembre de 1.868.

McMahon fue retirado el 15 de marzo de 1.869. Salió él del puerto de Asunción, el 2 de julio, en un vapor particular; y así se terminó la representación diplomática de los Estados Unidos de Norteamérica en el Paraguay por un largo plazo.

El **WASP** continuó su servicio con la escuadra sudatlántica hasta 1.876, cuando fué declarado inservible por la Marina de Guerra, y vendido a un particular en Montevideo el mismo año.

El brindis del General Urquiza

Al concluir un acuerdo entre el Presidente Carlos Antonio López y los oficiales de la EXPEDICIÓN PARAGUAYA de 1.859

Una Caricatura en la Revista **HARPER'S WEEKLY**

*Refugio contra Mosquitos*

*"Los marineros descubrieron que podían encontrar refugio en el tope de los mástiles, hasta donde, en apariencia, no llegaban los mosquitos, y así decidieron buscarse un lugar allí arriba cada noche".*

su viaje en el **WASP** hasta Angostura

# MARTIN T. McMAHON
## Diplomático
### en el estridor de las armas

Su viaje en el **WASP** hasta Angostura

# 17. ESPIONAJE, CONTRA-ESPIONAJE Y 'LA GRAN CONSPIRACIÓN'

En su testimonio del 28 de marzo de 1.869, en la ciudad de Nueva York, el subcomandante del WASP, William A. Kirland, implicó a Porter Cornelius Bliss, uno de los autores del 'Memorial' al Congreso estadounidense, en un espionaje a favor del Presidente López durante la residencia de Bliss en la legación del Ministro Washburn.

Relató Kirkland: "Hace mucho tiempo que navego yo las aguas de la Plata, y he oído varias veces de fuentes distintas que Bliss era un espía de López en la casa de Washburn, pero que traicionaría el López en cuanto tuviera la oportunidad." (**Paraguayan Investigación**, página 212)

Extraña que Bliss fuera así acusado porque su historia personal es distinguida:

Un resumen de la vida de Bliss fue publicado en el diario **NEW YORK TIMES**, titulado 'Una Carrera Notable', con las siguientes revelaciones:

Bliss fue nombrado secretario particular del ministro al Brasil, James Watson Webb, en 1.861.

Redactó también una revista titulada 'River Plate'.

En 1.866, el Presidente López pidió la ayuda de Bliss para iniciar una historia del Paraguay. La Gran Guerra interrumpió el proyecto y Bliss se instaló en la legación norteamericana como secretario particular del Ministro Washburn.

Por sospechas de conspirar contra López, Bliss fue encarcelado en septiembre de 1.868, pero rescatado en diciembre.

Al volver a los Estados Unidos, Bliss presentó su famoso 'Memorial' al gobierno, del cual resultó la 'Investigación Paraguaya' de 1.869 en el Congreso.

En junio de 1.870, el Presidente Grant nombró a Bliss secretario de la legación estadounidense en Méjico – un puesto en que sirvió por cuatro años.

Durante esta temporado intervinó Bliss en suspender la ejecución de tres oficiales militares de la fuerza insurrección del General Díaz durante la Revolución de 1.872.

A las dos semanas del éxito de Bliss en este asunto se murió el entonces Presidente Juarez. Díaz ganó la presidencia, y Bliss recibió el profundo agradecimiento presidencial.

En 1.874, Bliss volvió a la ciudad de Nueva York, y se hizo editor de la enciclopedia **Johnson**, publicada en 1.877.

En 1.878, Bliss escribió una historia de la guerra entre Rusia y Turquía, titulada **La Conquista de Turquía**.

El mismo año Bliss se hizo redactor del diario **New York Herald**, y en esta capacidad viajó al teatro de la Guerra del Pacífico, en Arica y Tacna, en Sudamérica.

Su último puesto profesional lo desempeño en New Haven, Connecticut, en la Nueva Inglaterra, donde se encargó de las tareas editoriales del **New Haven Morning News.**

Bliss murió en Neuva York en 1.885, a la edad de 47 años—víctima de un aneurisma. (Appleton's Ciclopedia of American Biographies, 1.999)

La supuesta conspiración de 1.868 en el Paraguay, envolviendo a Bliss y otros, se originó durante las paradas del Ministro Washburn en Buenos Aires y en Corrientes mientras esperaba poder volver al Paraguay.

En su historia de dicha 'Gran Conspiración', titulada **EL CÍRCULO de SAN FERNANDO** (Asunción, 1.998), Osvaldo Bergonzi relata que Washburn:

> durante su estadía en el campo enemigo….recibe la visita de los principales representantes de la Alianza así como la de los personeros de la Legación paraguaya (página 89)

Al llegar al Paraguay, el equipaje de Washburn causo asombro:

"Son cajones y más cajones cargados de mercadería diversas, principalmente comestibles, tejidos, medicamentos, y bebidas." (página 91)

A los visitantes a su residencia lujosa, Washburn anunció:

> Muy pronto viene la paz. Mi gobierno será el árbitro y sólo falta que llegue la correspondencia oficial de William Seward, el Secretario de Estado. La Alianza es un campo santo en donde Curupayty y suena como un látigo. Los argentinos quieren abandonar la guerra…(página 91)

En realidad, según este escritor, la declaración de Washburn que su gobierno, los Estados Unidos, será el árbitro para alcanzar la paz en la región tiene que ver no con una conspiración, sino con el objeto de su gobierno, articulado por el Secretario de Estado, William Seward, en octubre de 1.866. En aquel entonces, Seward avisó a sus ministros en el sudatlántico que:

> Aunque los Estados Unidos no tengan la intención de entremezclar en la controversia existente en la Plata, quieren que una condición pacifica prevalezca en la región; y los Estados Unidos aceptaran cualquier pedido de ayuda de los combatientes. (Foreign Affairs, 1.866, Tomo II, página 326)

El propósito de paz en esta época fracasó por dos razones:

> 1. La jefatura militar brasileña se creía capaz de dar el 'golpe fatal y final' al Paraguay y, la Argentina no quería comprometer este espíritu de confianza por parte de su asociado triplealiado.

> 2. Pero los ministros norteamericanos no tomaban en cuenta esta realidad, razón por la cual seguían sus iniciativas de acordar un tratado de paz. En todo caso, los tres ministros norteamericanos, Washburn, Asboth en Buenos Aires, y Webb

en el Brasil, se confrontaron con la 'ultima realidad'—el requisito por parte del Imperio del Basil que López abandonara su patria. (**FOREIGN AFFAIRS**, 1.867, II, página 182)

Según el lema del Mariscal—<u>Vencer o Morir</u>—no figuraba en cualquier plan de mediación la abdicación del Presidente; pero los diplomáticos norteamericanos en la región se guiaban por la resolución de su Congreso en diciembre de 1.867—la cual propuso un tratado de paz porque la Gran Guerra "destruía el comercio y perjudicaba las instituciones republicanas". (**CONGRESSIONAL GLOBE**, 1.867, capitulo XXXVII, parte I, página 152)

Según Osvaldo Bergonzi en su **CÍRCULO DE SAN FERNANDO**:

Para Norteamérica, los argentinos han invadido a una colega en compañía de una cabeza coronada. Pecado mortal. No hay nada que se puede hacer con los inventores del sistema republicano para contrarrestar la mala imagen.

El Paraguay, un país con sus luces y sus sombras, constituye una república. El Brasil esclavista e imperial, aunque se presente como democrático, pertenece en origen y oficio a una corona Europa. En esto consiste el pensamiento americano.

A pesar de algunos Diputados tocados por el Imperio, la Cámara de Representantes decide a instancia de Seward y por amplia mayoría, el ofrecimiento de la mediación de los EE. UU. en la guerra del Paraguay. (paginas 95-96).

Así era que Charles A. Washburn, durante su retraso en tierra triplealiada, trató de efectuar un acuerdo de paz. En la opinión del autor, su comportamiento durante este largo plazo tenía más que ver con su supuesta obligación profesional que con su deseo de "formular una conspiración contra López".

Las audiencias del Comité Congresional prestaron poca atención a la cuestión de dicha 'gran conspiración'; pero en el Paraguay, el Mariscal López comenzó la redada a los interesados en el plan de descarrilar a él para alcanzar la paz.

Este período se llama en las historias El Reinado de Terror de 1.868 - con su apice en San Fernando, la sede de las Comisiones de las "Tribunales de Sangre'.

Washburn y sus ayudantes en la Legación Norteamericana, Bliss y Masterman, figuraban' prominentemente en el desarrollo del 'plan de conspiración', según López; y por eso, Bliss y Masterman fueron detenidos y encarcelados. Washburn 'se escapó' por la diligencia de William Kirkland, capitán del **WASP**.

De interés para los diputados del Comité Congresional era la revelación de Kirkland que según la Señora de Washburn, existía en verdad en el Paraguay 'un plan' para efectuar un golpe de estado con el fin de que López abandonara la presidencia.

Relata Osvaldo Bergonzi que según Kirkland,

> Mr. Washburn me dijo que nunca hubo ninguna conspiración o revolución contra el gobierno (de López); pero en una ocasión, la Señora Washburn, en ausencia de su esposo, expresó que hubo un plan para derribar a López del poder y reemplazarlo con sus hermanos Venancio y Begnino. (página 354)

Pero frente al Comité, la Señora de Washburn cambió de memoria:

> No recuerdo que jamás haya sostenido yo ninguna conversación con el [Kirkland] sobre este asunto. Yo no puedo haber dicho que hubiera un plan o conspiración, puesto que no creía en ello, pero pude haber dicho que en una época pudimos haber supuesto que hubo una conspiración en vista de los arrestos de gente, etc. Yo entonces, no creía que hubo conspiración alguna, y naturalmente, no pude haber dicho que la hubo. (Bergonzi, op. cit., página 355).

En las historias de la "época trip1ealiada", hay varias interpretaciones de la conspiración de 1.868. Este escritor opina que la resolución de esta polémica escolar existe en entender que un grupo se había formado con el fin de apoderarse del gobierno paraguayo en caso del fracaso o fallecimiento del Mariscal López.

Esta alternativa suponía ser, en aquel entonces, preferible a un vacío político en el caso de la derrota absoluta del país.

El Presidente López se aprovechó de esta eventualidad por medio de sus tribunales de sangre en San Fernando. Suponía él que el alegado comité de conspiradores ofrecería y entregaría el país a los enemigos del Paraguay, y de esta manera la republica sería tragada por los vecinos colosos.

Esta interpretación de los sucesos horripilantes durante la Gran Guerra no figura en la mayoría de los estudios de la época; pero tiene sentido en entender los motivos verdaderos de los personajes principales de la controversia de 1.868.

Dibujo del Mariscal López de la <u>Historia del Paraguay</u>
Por Charles Ames Washburn—Boston, 1.871.

WILLIAM ALEXANDER KIRKLAND USN
Su foto official en Montevideo, Uruguay, 1.894
Subió a la jefatura de la Escuadra Sudatlántica con el grado del Contraalmirante
De la colección William Alexander Kirkland (#P270/8)
Special Collection Department, J.Y. Joyner Library
East Carolina University, Greenville, North Carolina 27858

# 18. EL COMITÉ

Se reunió el comité investigador de relaciones extranjeras en Washington, el 30 de marzo de 1.869, para juzgar las pretensiones de Bliss Y Masterman en su famoso (o infame) 'Memorial'.

Encabezó el comité en aquel entonces el soldado político Republicano de Massachusetts, el General (y ex-gobernador) Nathaniel Prentiss Banks.

Banks confundió a los otros miembros del comité al mantener que en realidad, el propósito de censurar a los almirantes de la escuadra sudatlántica "no era censura", sino resolver un desacuerdo en cuanto a su comportamiento por no haber cumplido sus deberes oficiales en la Plata.

Banks, por lo visto, quería por cautela acomodar todos los puntos de vista sobre el papel de la marina de guerra durante la Gran Guerra.

Su principal adversario en esto fue el representante de Vermont, Charles Wesley Willard. Willard instó a los otros representantes que no aceptaran el propósito de censurar a los Almirantes Davis y Godon porque en verdad sólo seguían las instrucciones mandadas desde Washington por los Departamentos de Estado y de Marina de Guerra.

Mantuvo Willard:

> Si hay cuestión de censura, se debe dirigirla a los líderes en Washington, y no a los oficiales de la Marina de Guerra en la Plata. (**Congressional Globe**, 6 de enero de 1.871, página 341)

En ese mismo discurso, Willard recordó a sus colegas la correspondencia entre Seward y Welles con respecto a Godon, en la cual el almirante fue alabado así: " ...el entró en funciones singularmente sensitivas con firmeza, prudencia y cortesía." (**Congressional Globe**, op. cit. página 343)

En el caso del Almirante Davis, Charles Willard sostuvo que ningún oficial de la marina de guerra tiene una historia personal igual a la del almirante:

Ningún oficial ha logrado su ascenso con tanto honor. No lo puedo condenar por el memorial de personas sin honradez tan capaces de mentir.

Si el Congreso elige condenar al Almirante Davis, uno de los oficiales más distinguidos de la Marina de Guerra, por no respaldar a estos, dos maliciosos aventureros sin princípios será sin mi voto." (**Congressional Globe**, op. cit., página 344)

En la opinión de este escritor, basada en el estudio comprensivo del testimonio de 319 páginas durante las audiencias del Comité, la contribución de Charles Wesley Willard—una figura ya perdida en el olvido aun en su propio estado natal—destaca entre todas las declaraciones escuchadas durante las audiencias Congresionales.

En homenaje al Señor Willard, su necrología en el diario **Green Mountain Freeman** del 8 de junio de 1.880, relata que era "un legislado cuidadoso, ...y resueltamente imparcial en el trato de los amigos como de los enemigos cuando los creía equivocados."

En este caso Willard fracasó en convencer a sus asociados sobre la cuestión del comportamiento de los almirantes de la escuadra sudatlántica, como al diputada y ex indente de la Ciudad de Nueva York, el Representante Fernando Wood, que propuso al Comité que el asunto de los almirantes se dejara porque, desde su punto de vista, la cuestión era "nada más que una controversia". Su conclusión era que había dos lados de la disputa, y ninguno de ellos tenía la razón.

Continuó Wood:

> No puedo apoyar los propósitos de censura a los almirantes o a Washburn. Mí opinión es que Washburn cumplió sus deberes diplomáticos con conciencia e inteligencia. Igualmente desempeñaron los almirantes sus obligaciones. (**Congressional Globe**, op. cit., página 342)

Wood interpretó que los protocolos entre la marina de guerra y el cuerpo diplomático nunca se habían definido bien, razón por la cual el embrollo tenía que ver con disputas y desavenencias.

Preguntó Wood:

> ¿Cómo podría ser que un sólo ministro diplomático tiene la autoridad de pedir un acto de guerra por parte de un oficial de la marina de guerra—un poder que bajo nuestra Constitución, ni lo tiene el Presidente? **Congressional Globe**, op. cit., página 342)

Wood hizo notar también lo caprichoso de la ley en estos asuntos, base de su propósito que la cuestión de las censuras se dejara. Fracasó: 47 votos a favor, 85 votos en contra. Aunque le sobra justificación a esta proposición, su fracaso se atribuye probablemente a factores políticos y personales como su afiliación a la facción Demócrata opuesta a la Guerra de Secesión, y sus esfuerzos por declarar la Ciudad de Nueva York 'puerto libre' durante la guerra. Se puede decir por lo tanto que Fernando Wood, a pesar de su inteligencia e imponente presencia ejercía poca influencia entre sus asociados congresionales.

El líder de esta minoría a que pertenecía Wood en el Congreso era el Representante Demócrata Thomas Swann, ex-gobernador del estado de Maryland. Aunque no prevalecía él en proteger a los almirantes de sus críticos, fué adoptado su informe minoritario que incluyo el siguiente artículo:

> Que los Almirantes Godon y Davis no cometieron ninguna ofensa que justificara la censura por su gobierno o motivara una investigación tribunal, y que dichos oficiales ejercieron su mejor juicio y siguieron las instrucciones del

Departamento de la Marina de Guerra a la letra - recibiendo la aprobación de dicho departamento. (**Congressional Globe**, op. cit., página 320)

En defender a los almirantes, el Representante Swann articulaba su filosofía personal con respecto a la importancia estratégica de la marina de guerra:

No debemos declarar de la guerra legislativa contra la Marina de Guerra sólo para gratificar el orgullo y el capricho de unos hombres impulsivos.

Vivimos en una era nueva; nuestra misión en la actualidad es la libertad y la filantropía universal frente a la dolencia y la opresión de todo el mundo. Nuestra armada constituye el medio para lograr este fin. (**Congressional Globe**, op. cit., página 331)

El contrincante equivalente del Representante Swann en el partido Republicano era Godlove Orth de Indiana. El Señor Orth se distinguió en instrumentar el asalto a favor de los intereses de Washburn durante las audiencias. Orth era una persona bien intencionado pero cegado por su lealtad al establecimiento Republicano en el Congreso. Necesariamente tenía que apoyar la posición de la familia Washburn.

Orth nació en Pennsylvania en 1.819 Se hizo abogado en Indiana y luego sirvió en el Congreso nacional por varios turnos desde 1.863 hasta 1.882. Era ministro a Austria-Hungría, 1.875-76. Se murió en 1.882, durante su último turno congresional Godlove Orth ofreció la siguiente conclusión en cuanto a los descubrimientos del Comité Congresional:

Hemos oído lamentablemente de la existencia entre los oficiales de nuestra Marina de Guerra en la Plata de sentimientos de amargura y malicia acompañados por acciones de desdén y tiranía mezquina totalmente indignos, dado la alta posición de ellos. (**Paraguayan Investigation**, página X)

Al Comité mucho nos ha sorprendido y es lamentable que los distinguidos oficiales de la Escuadra Sudatlántica faltaran a la obligación de afinar y ejercer derechos reconocidos por pasar con aplomo las líneas de la armada triple-aliada sin cumplir el transporte oportuno de nuestros diplomáticos a y de sus puestos. Por estas razones no lograron ellos mantener el honor del país ni ganar el respeto de otros. Así no es posible que nuestra bandera siga siendo un emblema de poder.

Nuestra marina de guerra se mantiene can gastos muy grandes, y nuestra nación requiere en cambio que en todo caso la armada mantenga firmemente los derechos de 1a ciudadanía y la dignidad de la patria. (**Paraguayan Investigación**, página XXI)

El debate en la Cámara de Representantes sobre las resoluciones ofrecidas en el caso de La Investigación Paraguaya concluyó el 6 de enero de 1.871, con los siguientes resultados:

Reportaje de la Mayoría (por el Señor Orth)

1. El Contraalmirante Godon falló en cumplir sus deberes oficiales por tardar 14 meses en escoltar a Washburn al Paraguay;
2. Bliss y Masterman eran verdaderos miembros de la legación de Washburn, razón por la cual merecían la protección de los oficiales de la armada;
3. El arresto y detención de Bliss y Masterman constituían una violación de la reconocidas leyes internacionales, y un insulto al honor y dignidad de los Estados Unidos;
4. Aprobamos la acción del Presidente en retirar al General McMahon del Paraguay y en rehusar continuar las relaciones diplomáticas con dicho gobierno.
5. Es el deber de nuestros oficiales navales en el extranjero ayudar a los diplomáticos a cumplir sus deberes. Su negligencia en estos casos debe investigarse con castigos apropiados administrados por el departamento de la marina de guerra.

En Señor Orth agregó un artículo personal:

> 6. Desaprobamos la conducta del Almirante Davis en tardar
> por un plazo no razonable el rescate de Bliss y Masterman, y
> en aceptar su salida bajo las circunstancias relatados en el tes-
> timonio de ellos, y en recibirles y mantenerles como presos.
> El artículo fué aprobado 101-58, con 76 abstinencias.

Ademas, el Señor Farnsworth de Illinois, ofrecio una enmieda al reporte de la mayoría del Comité:

> Pedimos que el Secretario de la Marina de Guerra convoque
> un consejo de guerra contra los Almirantes Godon y Davis
> por las ofensas indicadas en el reporte congresional. Esta en-
> mienda fué aprobada: 86 a favor, 26 en contra.

Otra enmienda fué ofrecida por el Representante Maynard de Tennessee, y tenía que ver con las circunstancias sobre el rescate de Bliss y Masterman:

> El Capitán Ramsey y el Comandante Kirkland, en reunirse con
> con el Mariscal López en su campo militar, y en acordar veri-
> ficar las confesiones de los dos presos, cometieron una ofensa
> muy grave—deshonrando a la marina de guerra y a la nación,
> y estos oficiales merecen y recibirán la censura de esta cámara.

Votaron 66 diputados a favor, y 69 en contra. Esta enmienda no fué aprobada. Entonces el reportaje de la minoría del Comité fué leído:

1. El arresto forzado y la detención de Bliss y Masterman,
   bajo la protección de la bandera americana, constituían
   un ultraje, el cual requirió una reparación inmediata;

2. El Señor Ministro Washburn comprometió seriamente
   la bandera americana al separarse de sus asociados fuera
   de la legación, y Washburn no debía haber aceptado su

pasaporte sin recibir los de los otros miembros de la legación.

3. Washburn cometió un acto grave de insolencia al mantener una actitud de hostilidad hacia el Presidente López y Paraguay, la cual resultó en todas las desgracias de su ministerio;

4. Los Almirantes Godon y Davis en efecto no habían cometido ninguna ofensa que mereciera la censura del gobierno o un consejo de guerra, y dichos oficiales habían cumplido según su juicio y entendimiento las instrucciones de su departamento;

5. No hay necesidad por parte de esta cámara seguir o conseguir otros remedios con respecto a la historia de esta investigación;

6. Este comité debe concluir esta investigación. (**Journal of the House of Representatives**, op., cit., páginas 106-107)

Las resoluciones del Comité de Relaciones Extranjeras fueron adoptadas el 6 de enero de 1.871. Nos confunde que había una pareja de resoluciones contradictorias; pero es evidente que para el Congreso, no era políticamente conveniente favorecer ni al régimen de Washburn ni a la marina de guerra. Así nació un compromiso imputando a los dos. El mejor resumen del significado de este resultado se ofrece en el Círculo de San Fernando (Osvaldo Bergonzi, Asunción, 1.999)

... .la mayoría del Comité llegó a algunas conclusiones bastante imprecisas, como la de que el Almirante Davis había faltado a su deber al no prestar ayuda a Washburn, y que Bliss y Masterman, siendo miembros de la Legación norteamericana, tenían derecho a reclamar la protección de los Estados Unidos; el Paraguay habría entonces desconocido las leyes internacionales y agraviado a los Estados Unidos al arrestar a los dos hombres. No hubo voto de censura ni para McMahon ni para Washburn.

En el informe del voto de la minoría, sin embargo, se afirmaba que la actitud de Washburn, no amistosa y hasta hostil hacia López y el gobierno paraguayo había constituido una grave imprudencia y que Washburn., al asociar a la Legación a dos individuos de dudosa reputación como Bliss y Masterman, se había ocasionado una buena parte de sus problemas con el gobierno paraguayo.

Un triunfo, dada la influencia de la familia Washburn. Respecto de la conspiración nada se dijo. Pero tampoco se censuró la conducta del gobierno del Paraguay. La Cámara de Representantes presionada por los hermanos de Charles, y por los Ministros de Grant, votó el dictamen de la mayoría. Sin embargo, ello quedo ahí, archivado sin mayores consecuencias. Es de suponer que el propio Davis, aceptara la formula dado que tampoco lo afectaba expresamente su parte resolutiva. El gran perdedor fue Charles Washburn.

No consiguió su objetivo; una censura expresa para su sucesor Martin McMahon. En ambos dictámenes del Comité, McMahon quedó libre de culpa. En cambio Washburn, con el dictamen de la Comisión en minoría, salió muy mal parado desde el punto de vista ético. Se sabía en los corrillos políticos de Washington que la influencia de su familia evitó su juicio político. (páginas 352-353)

Charles Wesley Willard, Republicano de Vermont, surgirío, con sarcasmo, que al Congreso debiera censurar al Presidente y su cabinete porque los almirantes seguían los órdenes de ellos. Willard votó contra el informe de la mayoría del Comité.

Morton Smith Wilkinson (arriba) abogado y ex senador de Minnesota, resolvió el dilema del Comité al determinar que la armada no podía acudir en ayudar de los oficiales diplomáticos sin recibir órdenes de su propio departamento, aunque fuera la petición del Secretario de Estado.

**Los Líderes del Debate en el Congreso**

Godlove Orth, Republicano de Indiana (página anterior)

"denunció la costumbre de los almirantes de sobreponerse a los requisitos civiles del cuerpo diplomático."

Thomas Swann, Demócrata de Maryland (página anterior)

"denunció los ataques de la mayoría de los miembros del Comité contra la marina de guerra"

Fernando Wood, Demócrata de Nueva York, hizo el papel de iconoclasta al proponer que como ningún lado en la controversia tenía razón, el Congreso debiera suspender la discusión.

El General Nathaniel Prentiss Banks de Massachusetts
Como partidario Republicano
apoyó los intereses políticos del régimen Washburn

# 19. UN TRIUNVIRATO VENTAJOSO
Elisa Lynch, el Mariscal López, y el General McMahon

El estudio cuidadoso del testimonio durante las audiencias de la Investigación Paraguaya revela la intención de las fuerzas pro-Washburn de poner en tela de juicio la reputación del General McMahon.

Con este fin el Representante Beck de Kentucky lanzó una diatriba, declarando que el Ministro McMahon era "la única persona que hablaba bien del Presidente López.

> ...es notable que el General McMahon haya relatado algo bueno del bruto López. Su justificación tiene que ser que se congració con el Mariscal y su asociada, la Señora Lynch, a tal grado que López lo nombró a McMahon executor testamentario y administrador de los efectos personales de la señora, y guardián de sus hijos.

Continúa Beck:

> ...vale notar que en estas capacidades, McMahon recibiría una comisión del cinco por ciento del valor de la herencia—triple el sueldo de cualquier ministro diplomático. (**Congressional Globe**, 5 de enero de 1.871, páginas 339-340)

Este testimonio no tomó en cuenta la buena voluntad que manifestaba el Ministro McMahon hacia el Paraguay durante su breve estancia allá, contrario a los resultados diplomáticos de Charles Washburn.

McMahon trató de mediar un tratador de paz. Su razonamiento se revela en su carta del 19 de julio de 1.869, al nuevo Secretario de Estado, Hamilton Fish:

> En lo que respecta al Paraguay, su lento exterminio es el proceso de enfrentar a gente de tanta fe y maravillosa resistencia con enemigos tan inferiores en valor y lerdos de movimientos y, además, los paraguayos están dispuestos a esperar cualquier resultado con un heroísmo que no tiene paralelo en los tiempos modernos. (Martin T. McMahon, Arthur H. Davis, Asunción, 1.985, paginas 32-33)

> El testimonio de McMahon durante las audiencias Congresionales contradijo las opiniones de la mayoría de los otros testigos con respecto a sido muy groseramente calumniada por la prensa en Buenos Aires, que la acusó de toda suerte de inmoralidades, con todo lo que puede decirse contra una mujer, así como la crueldad, instigado al Presidente a inauditos actos de inhumanidad." (Davis, op., cit., página 287)

Por su dedicación a la causa paraguaya y a sus partidarios, McMahon se quedó en el campamento de López a pesar de haber recibido la noticia de su retirada. Relata Osvaldo Bergonzi:

> ...La prensa aliada lo comienza a hostigar violentamente. Hablan hasta de su honor y dan a entender claramente que es un traficante de influencias. Solano López ahora comprende que clase de hombre es el general norteamericano, que contra el llamado de su gobierno permanece junto a él. Un sortilegio misterioso quizá lo empuje al joven militar a amar la tierra roja sembrada de naranjos en flor, al extremo que le dedica poemas de amor. Por cierto, admira la resistencia indomable

de su conductor y sus soldados. (**El Círculo de San Fernando**, página 321)

Mes y medio después, McMahon se despidió del Paraguay con, según los partidarios de Washburn, dinero en efectivo de Madam Lynch, para asegurar su llegada a buen recaudo a Europa:

> Mediante eso, ella vivirá relativamente holgada los primeros años de exilio…(**Círculo**…, página 321)

En su **Informal History of Paraguay** (University of Oklahoma Press, 1.949), Harris Gaylord Warren nos informa que según Washburn, McMahon "tenía mucho equipaje cuando salió por vapor de Asunción:

> …había once tercios de yerba mate, y además una gran cantidad de cajas y paquetes, y con varios baúles de efectos presumidos personales que el había traído al Paraguay.
>
> Cuando llego a Buenos Aires el ex-ministro McMahon, la gran cantidad de equipaje que llevaba consigo provocó mucha curiosidad entre los porteños, dando lugar a la sospecha que McMahon fuera el portador de las riquezas de los López, con destinación a Europa, y específicamente, las riquezas robadas de las victimas torturadas por López. Si fuera verdad esta suposición, entonces seria innegable que McMahon era cómplice de ellos. (página 260)

La acusación de incompatibilidad entre sus relaciones con López y Lynch y sus deberes diplomáticos no se sostuvo en el Congreso, aunque los partidos de Washburn trataron de establecer tal impropiedad.

McMahon se defendió así al contestar una pregunta del Señor Swann: "¿ Tenía Ud. conocimiento de algún reparo a su conducta pública, y le sorprendió cuando supo que lo llamaron a prestar testimonio?"

"Si; me sorprendió mucho. No se ha expresado ninguna objeción a mi conducta pública. Por lo contrario, los despachos que acompañaron la citación judicial expresaron la aprobación del Departamento de Estado sobre mi conducta en el Paraguay; y desde entonces he recibido del Departamento de Estado mayor aprobación de mis últimas gestiones allí." (Davis op. cit., página 324)

Además, se quejó el Representante Wood a sus colegas de la tragedia que fué el haber "arrastrado al General McMahon a estas aulas—un ciudadano y servidor público con una historia personal tan distinguida." (**Congressional Globe**, 6 de enero de 1.871, página 342)

# 20. WASHBURN Y WASHBURNE
### Circunstancias Similares, Procederes Parecidos, Consecuencias Ironicamente Opuestas

Un aspecto no bien conocido de las respectivas carreras diplomáticas de miembros de la familia Washburn(e) es el papel desempeñado por Elihu Washburne en Francia durante la Guerra Franco-Prusiana, 1.870—1.871.

Como ya se contó en el Capítulo 5, Elihu "se había distinguido en proteger los intereses de los ciudadanos alemanes después de la expulsión de sus diplomáticos de Francia."

En cambio, cuando su hermano Charles intentó representar los intereses de los diplomáticos que habían abandonado el Paraguay por causa de la Guerra Triplealiada, dejando sus efectos personales y oficiales en la legación norteamericana, surgieron acusaciones de traición en su contra.

Charles se defendió frente al furioso Presidente López y durante las interrogaciones del Comité Congresional al caracterizar sus acciones como obligaciones humanitarias consistentes con los protocolos internacionalmente reconocidos.

Además, Charles mantuvo que su propósito en no abandonar su sede diplomática en Asunción se basó en el deseo de ofrecer un refugio y la protección del asilo diplomático ante la revelada invasión brasileña.

En el caso del hermano Elihu en Paris, algo parecido resultó en aplausos y alabanzas. Tratándose de Charles, al contrario, sus actividades dieron lugar a acusaciones de haber participado en la 'Gran Conspiración"

En ambos casos durante esta época los dos ministros-hermanos actuaban bajo condiciones feas y peligrosas. Por ejemplo, las circunstancias políticas en Paris durante los primeros años del servicio diplomático de Elihu Washburn allá recuerdan el Reinando de Terror durante la Revolución Francesa. En aquel entonces la dictadura del Comité de Seguridad Publica y su Tribunal Revolucionario identificó y castigó a 2500 personas antirrevolucionarias por medio de la guillotina.

Esta forma de retribución ya es 'una curiosidad' en la historia; pero la verdad es que tal crueldad sirvió de modelo para ejecutar lo mismo en Paris en 1.870—1.871 y en el Paraguay, 1.868-1870, Es decir: las barbaridades atribuidas a la bestialidad del Régimen López-Lynch, por ejemplo, tienen sus contrapartes en la historia de 'grandes civilizaciones'.

Excesos parecidos a los de esa época no se limitaban al Paraguay sino que se darían a conocer en el Paris de 1.870—1.871 durante el espantoso régimen del Comunal de Paris de marzo a mayo de 1.871, en el cual fue sumergido el Ministro Elihu Washburne. Durante este periodo, a fines de la Guerra Franco-Prusiana, un gobierno se estableció en Paris contra el de Adolphe Thiers en Versailles. El Comunal se caracterizó por su oposición a las condiciones humillantes de paz impuestas por Prusia. Los comuneros fusilaron a sus rehenes en Paris e incendiaron los importantes edificios públicos. Al entrar en Paris el 28 de mayo, las fuerzas Versaillenses se vengaron ejecutando a 17,000 personas, entre ellas mujeres y niños.

Relata Howard Carroll en su biografía de Elihu Washburne:

> Los representantes de casi todos los otros países se huyeron de Paris por miedo de perder la vida—pero se quedó el Ministro Washburne.

> Desde la ventana de su oficina, vió a Paris en llamas, vió las calles en la gran capital literalmente cubiertas de sangre, y a pesar de todos los horrores, se quedó con su ministerio. El suceso más terrible para Washburne fué la muerte a tiros del Arzobispo de Paris, Darboy.

Relata el Señor Carroll:

El Arzobispo, junto con el Cura de la Madeleine, el abate Deguerry, y el Senador Bojean, fueron sacados de sus celdas y puestos en fila juntos a la alta pared del edifico *La Roquette*.

Entonces, con la luz de una cantidad de antorchas, los alborotadores fusilaron a estos presos.

Después, el cuerpo del arzobispo fue mutilado y tirado en un foso común (**Twelve Americans**, Howard Carroll, 1.883, páginas 424-425)

Escribe Carroll que el Ministro Elihu Washburne fue el último visitante al arzobispo antes de su muerte violenta; y que durante este encuentro, el arzobispo le dijo: "Ud. me ha sido tan bueno y amable y que si me salvara yo por la gracia de Dios, me sería el placer más grande relatar todo lo bueno que hizo usted a mi favor." (página 424) Aunque Washburne hizo todo lo posible para asegurar la libertad del arzobispo fracasó en el intento.

Dice Carroll que "por su servicio heróico durante el sitio de Paris y el terrible reinado de los comuneros, Washburne recibió el agradecimiento de miles de ciudadanos. Y más, protegió la vida y la propiedad de muchos extranjeros, incluyendo los de: Portugal, Mejico, la República Dominicana, el Uruguay, Costa Rica, el Ecuador, Chile, el Paraguay, Venezuela, y Rumania." (Ibid, página 425)

Aunque Charles A. Washburn había tratado de actuar diplomática bajo circunstancias muy parecidas en el Paraguay durante el 'Reinado de Terror' allí, su servicio fué menos apreciado hasta ridiculizado en muchas partes.

Así termina la triste historia irónica de las distintas carreras diplomáticas de los dos hermanos Washburn(e).

Elihu B. Washburne

# 21. EN HOMANAJE A UN GRAN AMIGO

Brian Wert 1.969-2.006

Antes de poder terminar este libro, su mecanográfico, Brian Wert, falleció de un ataque cardíaco por la tarde del 27 de marzo de 2.006 en su puesto de trabajo en South Deerfield, Massachusetts, USA. Era joven—36 años de edad— y su súbita e inesperada muerte entristeció profundamente a sus amigos y familiares.

En 2.003, Brian ofreció ayudar a este autor a transcribir **Revelaciones y Relexiones** (Laudo Hayes) aunque no sabía español; pero como le fascinaba el arte de computarizar, enfrento el desafío lingüístico con mucho éxito.

Le agradeceré siempre a Brian su ayuda, su buena voluntad, y sobre todo, su fiel amistad.

John A. Fatherley
13 de abril de 2.006

Chicopee, Massachusetts
USA

# 22. REFLEXIONES DEL AUTOR

La muerte del Mariscal Franciso López en Cerro Cora, el 1 de marzo de 1.870, efectivamente terminó la Gran Guerra en el Paraguay, engendrando una reacción popular de injurias e invectivas—" ¡Muera López!"—el grito que se les enseñaba a los niños en las escuelas después de la guerra y que se repetiría por muchos años.

"…pero a principios del siglo XX, llegaría el vindicador de su patria, el historiador Juan E. O'Leary cuya misión era decretado inexorablemente el exterminio del Paraguay. Que le harían pagar cien millones de pesos, que reglamentarían la navegación de sus aguas, que le arrancarían sus fortificaciones, sus armamentos, sus buques de guerra, que sería saqueado y devastado, y militarían su integridad territorial." (**El Paraguay en la Unificación Argentina**, Juan E. O'Leary, Asunción, Biblioteca Clásicos Colorados, Volumen 4, 1.976, página 7)

Este párrafo, aunque pertenezca del Mariscal López y la reinstalación de la *Causa Paraguaya de 1.864 a 1.870* en la conciencia nacional se inició en 1.902 en las páginas del diario **La Patria**, dirigido por Enrique Solano López, con el fin de "purificar la mentira bajo la cual yacía sepultada la verdad a los ojos del mundo." (Instituto Colorado, op. cit., páginas 7-8)

Juan E. O'Leary (1.879-1.969) avanzó esta causa en la primera parte de su libro **Nuestra Epopeya** (1.919) con la siguiente declaración:

Quiero que cesen las lamentaciones lacrimosas que miremos de frente nuestros males, y luchemos come hombres para salir delante.

Quiero que nuestro orgullo sea superior a nuestra debilidad, y nuestra afirmaciones de ser, en toda nuestra integridad soberana, se imponga a los que están acostumbrados a escarnecernos a la sombra de nuestras bárbaras disidencias.

Quiero en fin que seamos dignos de nuestros padres y para esto, en vez de ir a llorar sobre sus sepulcros, deberíamos purificar nuestro espíritu y levantaros hasta ellos en las alas de un gran pensamiento. (Biblioteca Tellchea Gómez Rodas, Asunción, 1.985, página 226)

Pero difícilmente se iba construyendo la *epopeya* a los "rancios prejuicios del pasado—empañando el honor que nos corresponde en la lucha atribuyendo nuestra innegable bravura al servilismo y la barbarie de nuestro pueblo, y aplicando los motes más sangrientos." (según O'Leary, en la obra citada, paginas 516-517)

Reflejando tanta amargura las historias de la Gran Guerra en el Paraguay, no es difícil entender la importancia del proceso de purificación que comenzó con el tema de la *Epopeya Nacional*. El primer paso en esta lucha era rehabilitar la memoria del Mariscal López en términos históricos, bajo el lema *Muero con mi Patria*—y designándole **Paladín de la Republica**.

En 1.964, el Paraguay comenzó a celebrar el centenario de la 'Epopeya Nacional de 1.864-1.870' con estas palabras impresas en una variedad de sellos postales—una celebración filatélica que duró hasta 1.971.

Interesantemente, en la historia filatélica del Paraguay, no hubo ningún homenaje presidencial hasta 1.892, cuando fue impresa una conmemorativa del descubrimiento de las Américas, con un imagen del expresidente de la república, Cándido Barreiro, seguida de una serie de nueve estampillas con todos los presidentes de la primera época constitucional; pero no salió hasta 1.925 una estampilla con una figura heróica de la Gran Guerra, la cual era el General José E. Días.

Por fin, el Mariscal López aparece en 1.944 y 1.947; y en 1.954, salió una estampilla con *Los Tres Heroes*: los López I y II, y el General Caballero. *Las Ruinas de Humaitá*, ya un símbolo nacional de la Gran Guerra, fueron representadas en una serie de estampillas de temas históricos, distribuida durante los años 1.944-1946.

1.954

......reconstruyendo filatélicamente la imagen nacional.....

En el campo de las historias escritas en varios centros académicos, ha habido menos progreso. Continua el debate sobre las varias interpretaciones de las causas de la Gran Guerra y los motivos de los provocadores principales. En estos tribunales los *eruditos* siguen masticando estas teorías entre otras:

1. El Brasil y la Argentina causaron la guerra para controlar la navegación en los Ríos Paraná y Paraguay;

2. Los ingleses provocaron a los beligerantes para crear un mercado para sus armas;

3. El Paraguay quería establecer su propio imperio en Sudamérica. La opinión de este escritor es que la Gran Guerra era *inevitable* por dos razones:

1. La incapacidad de los países de la Plata resolver definitiva y amistosamente problemas respecto a sus linderos fronterizos;

2. La incapacidad de los países de la Plata llegar a un acuerdo perdurable sobre los derechos de navegación en el sistema fluvial.

Esta dos dificultades tienen sus origines en las ambigüedades inherentes en los tratados fronterizos del siglo diecisiete entre España y Portugal (en el este del Paraguay) y los malentendidos inherentes en la extensión de la Audiencia de la Charcas (al oeste del Paraguay).

En fin al autor opina que no hay que buscar culpabilidad en interpretar los motivos de los provocadores principales de la conflagración de 1.865-1.870. Solo hay que tratar de entender la gravedad de la situación con que se enfrentó cada país. También hay que notar que las convulsivas condiciones políticas intentar en los tres países de la alianza casi se dejaban incapaces de conducir una acción bélica en común. Pero en su tratado secreto se prometieron dividir al Paraguay entre sí mismos, y este hecho dió al Mariscal López munición suficiente para conducir la guerra desde *Vencer o Morir* hasta *Morir por mi Patria*.

1.947

83.

1.944

# 23. HACIA UN HOMENAJE PERDURABLE
### Conclusiones del Autor

En el capítulo anterior se ha enfocado en las desavenencias internacionales fronterizas sobre todo el caso de los límites entre el Paraguay y Brasil—problema que remota a las ambigüedades del Acuerdo de Tordesillas (1.494), los tratados de Madrid (1.750) y de Pardo (1.761), y el de San Ildefonso (1.777).

Relata Antonio Salem Flecha en su **Derecho Diplomático del Paraguay** (Asunción, Ediciones Comuneros, 1.994): "Casi hasta fines de la década de 1.960, el Paraguay y el Brasil se disputaron su propiedad en la medida en que avanzaba la demarcación de la frontera hasta ahora inconclusas." (página 46)

En el caso de la región occidental—el Chaco-pasó lo mismo…..Se organizó esta región al oeste del Rio Paraguay como *audiencia* (de *Las Charcas*) que funcionaba como corte suprema de justicia—a partir de 1.559. Este hecho fue la base de la pretensión de Bolivia que el Chaco era suyo. Dicha pretensión era la causa inevitable de la Guerra del Chaco (1.932-1.935).

En el caso de la República Argentina y sus rec1amaciones en el Chaco, su tratado de paz en 1.876 con el Paraguay después de la Gran Guerra estipuló que el Chaco se dividiera en tres partes: el sur hasta el Río Pilcomayo—traspasado a la Argentina; el centro, desde el Pilcomayo hasta el Río Verde—sometido al arbitraje del Presidente de los Estados Unidos; en el norte, desde el Río Verde hasta Bahía Negra—"el gobierno argentino renunciaría definitivamente sus derechos." (Salem Flecha, página 93)

Opina el autor que en este acuerdo el gobierno argentino suponía que el árbitro lógicamente favorecería al partido más influyente. Pero no resultó así;

pues el Presidente Hayes inesperadamente favoreció en su dictamen al Paraguay. De esta manera el Paraguay recupero grandes territorios perdidos después de la Gran Guerra,

Con el fin de reconocer la importancia resultante del *Laudo Hayes* en la conciencia nacional del Paraguay, propusieron en 2.004 oficiales del Departamento Presidente Hayes un día feriado nacional—el 12 de noviembre.

Esta idea es audaz, y quizás controvertible, dado el calendario de días feriados que ya existe en el país. Además, es probable que la mayoría de los paraguayos viviendo afuera del Chaco no reconozca el catártico efecto geopolítico que resultó del LAUDO HAYES.

Los Cambios Territoriales después de la Gran Guerra
Rebirth of the Paraguay Republic
Harris Gaylord Warren
University of Pittsburgh Press
1.984

Pero este autor opine que el propósito *Hayes* tiene amplia justificación basándose en los pensamientos articulados por los paraguayos que han abogado a su favor. Entre ellos figura muy eminentemente el Señor Salavador Garozzo Simon, en cuyo libro **Proyecto Feriado Nacional** (2.004), nota este propósito.

Quizás le extraña al lector que yo termine este libro con un examen del proyectado **Dia Laudo Hayes**, pero se me hace que la realización de este sonado día conmemorativo ayudaría en mucho calmar las amargas controversias del pasado—cediendo paso para enfrentar las grandes cuestiones del futuro, entre ellas el destino de esta región bendita, el Paraguay Occidental.

De la sombra de tantas historias de rencor y amargura respecto a la Gran Guerra y la infame Investigación Paraguay, entre otras tratadas en estas páginas, no complacería salir a la luz de un 12 de noviembre observado como símbolo del progreso, la virtud, y la unidad del gran pueblo paraguayo.

Conmemorando el quincuagésimo aniversario del Laudo Hayes en 1.928, la República del Paraguay autorizo la emisión de dos sellos de diez pesos en dos colores: rojo-marrón y gris negro. Según la revista filatélica, **Scotts Monthly Journal**, marzo 1.929:

> ….Hayes es el segundo presidente estadounidense honrado por medio filatélico—el otro habiendo sido George Washington en un sello Conmemorativo del Brasil.

John A. Fatherley

## Un Resumen de **ALMAS ATORMENTADAS** en inglés

The Dedication is to the officials of the U.S. Navy's South Atlantic Squadron during the period of the Triple Alliance War (Paraguay vs. Brazil, Argentina, and Uruguay) 1865-1870.

These officers included Rear Admirals Wm S. Godon and Charles H. Davis, and Commanders Peirce Crosby, Wm A. Kirkland, and Francis Ramsay.

For the most part they were 'condemned' during the Congressional Investigation into the affairs of the Navy and the State Department during this period.

Each had a distinguished naval career, and they were never really exonerated after the findings of the U. S. Congress were made public.

The author finds that this was inexcusable, and that a great deal of damage was done to the integrity of the naval service as a result of the Paraguayan hearings.

Chapter One, the Introduction, on page 1, states that the author will pass over the questions about the Paraguayan War - its origins and its history - and go directly to the basis of the investigation, which was the complaint of two members of the U. S. Legation in Paraguay - Porter C. Bliss and George Masterman.

The documents included in this analysis are: the transcripts of the hearings, the correspondence within the naval service entitled Paraguayan Difficulties, Osvaldo Bergonzi's treatise on the great conspiracy in Paraguay entitled EL Círculo de San Fernando (1999), and Masterman's Seven Eventful Years in Paraguay (1870).

Chapter Two, titled The Memorial, explains the nature of the abuses claimed by Masterman and Bliss on account of the Navy's failure to rescue them in a timely manner, and the way they were treated on board the U.S.S. WASP.

The author states that the subsequent Congressional investigation was politicized at the outset due to the influence of the Washburn family in and on Congress - in defense of Charles Ames Washburn, who served as Minister to Paraguay during the war there, and who was nearly imprisoned by President López for his alleged complicity in a plan to derail the government and deliver the country to the allied forces.

The leaders of the Foreign Relations debate in the House of Representatives were: Godlove Orth, Republican of Indiana who supported Washburn, and Thomas Swann, Democrat of Maryland, who supported the Navy.

The author notes with curiosity that their participation in this investigation is not mentioned in any of the biographies written about them and their distinguished public service,

Chapter Three, is titled The Beginning, and states that Charles A. Washburn was appointed a 'commissioner' to Paraguay by President Lincoln in 1860 to fulfill a political debt to Washburn for his help in organizing Republican support in California during the presidential campaign.

Washburn returned to the U. S. from Paraguay in 1865 to marry; but on his way back with Sally, the Paraguayan War had commenced and he could not reach his post in Asuncion because of the Brazilian blockade of the Paraguayan River.

Washburn waited over a year to return during which time there ensued a great controversy with the Navy because Rear Admiral Godon did not want to break the blockade.

Washburn and his wife reached Paraguay in April of 1866, after Secretary of State Wm. Seward ordered that the blockade be ignored.

Upon his return, Washburn attempted to orchestrate a peace treaty based on the idea that López would abdicate and go into exile abroad. López refused to agree to this, and when the Brazilians attacked Asunción from the river with their ironclads, Lopez ordered the evacuation of the city.

Washburn refused to go, arguing that his residence would be necessary to protect other diplomats from the invading Brazilian forces. His home soon filled up, and he was accused of harboring conspirators against the Paraguayan government. A crisis developed and James Watson Webb, U.S. Minister to Brazil, intervened to cause the Brazilians to allow the WASP to pass through the blockade to rescue Washburn, his family and his staff.

Washburn received his passport on September 8, 1868. He left the country on board the WASP; however, two of his associates, Bliss and Masterman, were held and jailed by Lopez, being accused of participation in the great 'conspiracy of 1868'.

Chapter Four, The Exchange and deals with the exchange of Bliss and Masterman for the new U.S. Minister, General Martin McMahon.

When Bliss and Masterman arrived in the U.S., they issued a complaint to the U.S. Department of State concerning the failure of the government to protect them in Paraguay, and their mistreatment by the Navy on their return.

This 'memorial', so called, brought about the Congressional investigation which commenced in March of 1869.

To shed light on some of the issues surrounding the complaint, General McMahon was recalled from Paraguay on March 15, 1869. It is curious that Elihi Washburn, a long-time Congressman from Illinois, was appointed Secretary of State on March 5th, and resigned on March 16. Allegedly his health was not good, so President Grant then appointed him Minister to France where he confronted grave difficulties when the Franco-Prussian War broke out.

Elihu Washburn's eleven days of service at the State Department enabled him to have General McMahon recalled to be questioned by members of the Foreign Relations Sub-committee dealing with the Paraguay situation.

McMahon Served in Paraguay for only seven months, but he is still remembered there for his good will. He was born in La Prarie, Quebec, Canada, in 1838. He attended St. John's College (now Fordham) in New York City, where he graduated in 1855. He served in the Union Army during the Civil War as adjutant to General Sesgwick of the Sixth Corps, and received the Medal of Honor belatedly in 1891, for action at White Oak Swamp, Virginia, in 1862.

In his 1985 biography of Martin McMahon, U.S. Ambassador Arthur H. Davis wrote from Asuncion that McMahon "defended with passion the Paraguayan cause: his clear and precise analysis, his geopolitical astuteness, and his beautiful description of the country and its people are invaluable testaments to a wise and intelligent observer." (**Martin T. McMahon-Diplomat**, Editores Litocolor, Asuncion, page 13)

Chapter Five is titled An Influential Family. It provides a brief biography of the seven Washburn(e) brothers of Livermore, Maine—each having achieved great personal and professional success. In his 2000 account of these men, Mark Washburn writes that "there was among them a U.S. Senator, a Navy Captain, a General in the Union Army, governors of two states, two diplomats abroad, four Congressman from different states, and a Secretary of State."

Chapter Five concludes that the naming of Elihu Washburne Secretary of State was a strategic move to save the reputation of his brother, Charles.

Chapter Six, entitled Contradictory Testimonies, explains the discordance that existed during the hearings concerning the following:

1. The treatment of Bliss and Masterman during their imprisonment and their voyage from Paraguay to Brazil;

2. the behavior of President Lopez;

3. the conduct of Charles Washburn as Minister to Paraguay, with the Paraguayan government, and with the officers of the U.S. Navy's South Atlantic Squadron;

4. the relationship between General McMahon and President Lopez, and McMahon's relationship with Madam Lynch and her family;

5. the true intentions of Rear Admirals Godon and Davis with respect to Charles Washburn;

6. the origins of the disagreements between Representatives Orth and Swann of the Foreign Relations Sub-committee.

Chapter Seven, The Beginning of the Testimony, features the testimony of Charles A. Washburn on March 30, 1869. Washburn stated therein that he could not confirm much of what was in the 'Memorial' because he had left Paraguay before these events occurred.

Regarding the question of 'harboring foreign diplomats in the American Legation', Washburn stated that he did so with the consent of the Paraguayan Vice President and Foreign Affairs Minister. He added that when the Brazilian ironclads bombarded Asuncion, he assumed that the war was about to end. But he added that when the flotilla left, the 'Reign of Terror' began.

Prominent members of the government and the López Family were accordingly imprisoned, and they implicated Washburn and others in a conspiracy to remove the President and turn the country over to the allies. Although Washburn and his family sailed away on board the **WASP**, Bliss and Masterman were jailed.

Washburn stated to the Committee that before he left, he had an agreement with Bliss and Masterman that even though they might be detained, an 'outcry of public opinion against Paraguay' would cause them to be rescued. He further stated that Captain Kirkland may have convinced López to let him [Washburn] go because his family was very close to President Grant; and if anything happened to him, Grant would immediately send a fighting squadron against the Paraguayans.

Washburn was asked about the detention of Bliss and Masterman. He said it was 'a great mystery' to him, and added:

It appeared to me that López wanted to destroy the whole world. He said to me two years ago that "if he were destroyed, there would be no one left afterwards, and that he intended to make this happen." (**Paraguayan Investigation**, U.S. Congress, page 6)

Washburn was asked by the Chairman of the Committee [General Banks] "Do you know anything about the treatment of Bliss and Masterman on board the **WASP**?" He responded:

Nothing except what they said; and I know nothing of any of the official discussions of the Paraguayan government to my successor [General McMahon] which, incidentally appeared to satisfy him.

I told General McMahon verbally and in writing about the conditions in Paraguay; but it appears that the General had more confidence in what President López told him.

Washburn also stated to the Committee that in retrospect, he should have left Paraguay earlier, but when the Brazilian ironclads came, he thought he could provide protection to the diplomats left behind in Asunción.

Chapter Eight, Bliss and Masterman I, relates that when Washburn, Bliss and Masterman left the legation on September 10, 1868, they thought that they could go safely to the WASP, literally "under the protection of the American Flag". Masterman states in his Seven Eventful Years in Paraguay (London, 1870), how this departure fared:

We left the house, but Mr. Washburn was walking so fast we could not keep up with him. As we reached the end of the porch, the police surrounded us. We yelled to the Minister: "Good Bye, Mr. Washburn. Don't forget about us." He looked our way with a pale face and disappeared", (page 211)

Bliss and Masterman were imprisoned in Villeta (see Masterman's map), and as the Brazilian forces advanced, they were moved to Pikysyri. At this time they were asked to write an account of 'the great conspiracy'. Bliss wrote three hundred and twenty-five pages; Masterman wrote twelve pages.

Chapter Nine contains biographical information about The Old Captain (page 24), Dr. Jose Falcon, who was one of the inquisitors during the imprisonment of Bliss and Masterman. Dr. Falcon had a distinguished career in Paraguayan public affairs before, during, and after the 'Great War'. He saved much of the National Archive before the Brazilian invasion; and he provided this information during the 1878 boundary arbitration hearings in Washington, D. C., when President Rutherford B. Hayes awarded much of the Chaco Boreal to Paraguay in its post-war territorial dispute with Argentina.

According to Masterman, Jose Falcon treated him with civility during his imprisonment, which he respectfully acknowledges in his history. There is a town named for Dr. Falcon in the Chaco on the Pilcomayo River.

Chapter Ten is a continuation of the Bliss and Masterman saga, and deals with the great controversy surrounding their liberation. In this account, Rear Admiral Davis joined up with General McMahon on the latter's arrival in Rio de Janiero. Together they formulated a plan to deal with the situation in Paraguay—to the end that the new minister would not disembark until Bliss and Masterman were delivered to the **WASP**.

The plan worked, based on Admiral Davis' allowance that Commanders Kirkland and Ramsay (the squadron's flag officer) would visit the site of the tribunals and 'witness' the signing of the confessions of the two prisoners.

A great hullabaloo resulted in Congress when this arrangement was brought to light, suggesting that Davis had dishonored the country and had *made a deal with the devil*, so to speak, in agreeing to this plan.

Captain Kirkland testified that, in fact, Davis was trying to handle a very difficult situation in the most practical manner, and that he, Kirkland, thought the whole exercise was nothing more than a *humbug*.

As to the treatment of Bliss and Masterman on board the **WASP**, the South Atlantic Squadron officers had pointed out that the isolation of the two had to do with the neutrality of the United States in not allowing information to be let out about conditions in Paraguay that would help the allies. A different view was offered by H.G. Worthington, then U.S. Minister to Argentina, who stated that Bliss and Masterman were received and held as prisoners "in accordance with the wishes of President Lopez."

109

Chapter Eleven covers the ministry of James Watson Webb in Brazil, and is subtitled: His Involvement in the Controversy. Webb was the founder and editor of the New York Courier.

Faced with financial difficulties, he sold the paper and received the diplomatic appointment from President Lincoln in 1861. While in Brazil, he authored a colonization plan there for ex-slaves from the Confederacy which Lincoln politely ignored.

Webb figured prominently in the Paraguayan Investigation concerning the rescue of Bliss and Masterman since he took credit for cajoling the Brazilian government to allow the **WASP** to pass through their blockade, or 'he would request his passport'. In addition, when McMahon arrived in Río de Janiero on his way to Paraguay, Webb recommended to him that he not got there because it would be crazy for a U.S. Minister to present credentials to a "madman like López", who had recently committed such an atrocity against the United States by jailing two of its diplomatic employees.

McMahon responded that "there were differing views about what had happened in Paraguay," and he could not draw any conclusions until he got there. Webb then stated that "there was only one truth—that which Washburn related—and he [Webb] was in agreement."

Webb added that McMahon's only purpose should be to "have nothing to do with Paraguay" since President Lopez had committed an 'act of war' against the U.S., and had thus suspended diplomatic relations. The only thing that McMahon could do, therefore, would be to wait for a resolution by the United States government.

Notwithstanding all this, McMahon and Admiral Davis worked on their plan to rescue Bliss and Masterman. When Webb found out that his advice had not been taken, he was furious. On April 7, 1869, he wrote to Secretary of State Wm. Seward, as follows:

> ...our admiral and minister agreed to accept the prisoners on López' terms. They went to Paraguay to address the insult, but they did nothing more than to appease the president.

...every American in this region and all our friends here deplore this disgraceful action. (**Paraguayan Investigation**, page 261)

On April 29, 1869, Webb again wrote to Seward:

...the principal reason Minister McMahon went to Paraguay and presented his credentials was to "save the reputation of Admiral Davis" by demonstrating that there was no reason to fear López, and that Washburn had, in fact, demonstrated cowardice as Davis suggested. (page 262)

General McMahon was called to testify after Webb concerning Washburn and Webb's contention that it was not necessary for the U. S. to have a minister in Paraguay because "There were only two Americans there". McMahon responded that "If Brazil is successful in destroying Paraguay, Argentina will be their next victim; and then the whole of the River Plate region will come under the control of the slave-holding Empire of Brazil. The U. S. should be the protector of republicanism in South America—especially against the advances of a power like Brazil.

Chapter Twelve is the third and last about the Bliss and Masterman saga. The subtitle is: Their Treatment on Board Ship. There are various interpretations of this matter from the medical officers on the South Atlantic Squadron vessels. For example, George W. Gale, assistant surgeon on the WASP, testified that the two prisoners were "dirty, weak, and tired" when they came on board. Committee member Charles Willard of Vermont asked if there was evidence that the iron shackles had been attached to their ankles during their imprisonment in Paraguay. Gale responded that although the bottom of the pant legs showed some wear, there were no injuries to the ankles themselves.

Marius Duval, Chief Surgeon on board the squadron's flagship, GUIER-RIERE, testified that there was no evidence of mistreatment of the prisoners on board his ship; and he added that "the political environment was difficult because while discussion of the 'beastiality' of López was prohibited, it was acceptable to speak about the cowardice of the ex-minister, Charles Washburn."

This was justified, according to Duval, because the naval officers on board the WASP had a personal agenda in Paraguay 1 )to acquire a quantity of yerba maté, and 2) to establish contact with General McMahon because Captain Ramsay wanted to marry the minister's sister in Buenos Aires, and needed his permission.

Duval added that he had advised care in speaking ill of Washburn because "in all probability, Grant would be the next President, and would name Elihu Washburne to a very high government post." Therefore, the Navy should be careful to avoid any cause for hostility toward the service from 'powerful politicians'.

Chapter Thirteen is titled: In Search of the Truth, and pertains to the testimony of Francis M. Ramsey, testifying on October 26, 1869, was one of the men sent to 'verify' the confessions of Bliss and Masterman at Villeta before their release. He stated to the committee—reading from his diary—that:

1. I am sure Bliss lied and I think Masterman did also;
2. Bliss had referred to things I know were not true;
3. I have never seen anyone as terrified as Masterman.
(**Paraguayan Investigation**, pages 178-179)

Ramsay also related to the Committee that in Paraguay, Bliss and Masterman were considered 'criminals', and that López turned them over to Admiral Davis with the understanding that they would be held and prosecuted by the U. S. Government.

Several members of the Paraguayan Investigation Sub-committee in Congress insisted that Ramsay and Kirkland should have inquired into the charges of torture leveled against the Paraguayan Government when these officers were in Villeta. Ramsay responded that Admiral Davis had sent them only to verify the signatures of Bliss and Masterman, and not to institute an investigation of their treatment.

Ramsay also said that he did not believe that all of the charges brought up by Washburn were true; and he mentioned as examples the fact that he was once in Paraguay "having dinner with one of the people he had been told had been tortured and murdered by López"; also, that he had known López' mother to be alive and well even though newspaper accounts in Buenos Aires claimed that she had either been murdered by her son or had committed suicide because of his atrocities against humanity. Ramsay's conclusion on these matters was that "López did not have responsibility for much of what was attributed to him." (Paraguayan Investigation, page 185)

In their complaint to the government of the United States, Bliss and Masterman alleged that the officers on board the W ASP had received gifts while at the Lopez camp as something of a *bribe* for their cooperation. Ramsay responded to this allegation that while he and Kirkland were there (for nearly twelve hours), they were offered a drink *(caña)* and a cigar; but beyond that, they "didn't even have a glass of water." (page 187)

Chapter Fourteen, an account of Rear Admiral Charles Henry Davis, is subtitled From the Frying Pan into the Fire. Davis testified on October 27, 1869, in New York City. At that time he stated that he had sailed from Rio de Janeiro to Angostura on the Paraguay River with General McMahon to deal with the situation of the prisoners even though he had not yet received orders from the Department of the Navy. He said that he was 'anticipating' such an order, which is why he did what he did. During his hearing, he was crucified: Representative Morton Wilkerson of Illinois criticized him for not taking any action against the insult of López, while James Watson Webb complained that he, Davis, "had five ships available to him which could reach Paraguay, but he left them idle in the bay at Río."

Charles Henry Davis Jr. wrote in his biography of his father (1899) that the admiral had, in fact, complied with the wishes of the government by delivering McMahon, and rescuing Bliss and Masterman. Davis Jr. maintained, however, that the attack on his father dishonored the admiral at the end of a distinguished career of more than forty five years.

Admiral Davis returned to the U. S. in 18o9, and served as commander of the Norfolk, Virginia, Naval Station for three years. He later directed the National Observatory in Washington, D. C., where he died on February 18, 1877, There is a stained-glass chapel window dedicated to his memory at Harvard, his alma mater. The laudatory inscription is in Latin.

Chapter Fifteen, titled Naval Realities, concerns the testimony of David Dixon Porter. Porter served as Vice Admiral of the Navy, and was invited to testify at the Foreign Relations hearings to give an official view of naval policies and procedures during neutral states such as that existing in the La Plata region for the U. S. South Atlantic Squadron at the time of the Triple Alliance War.

Porter backed up the squadron's reluctance to attempt passage through the blockade on the Paraguay River; and he stated that "except for this case, the Navy had never had such a political controversy." Porter concluded that Davis "probably had avoided another military conflict in the region" by using good judgment. (**Paraguayan Investigation**, page 295)

Chapter Sixteen is a tribute to the gunboat **U. S. WASP**, which served the South Atlantic Squadron with great distinction during the Paraguayan War. Built in Scotland in 1864 as the **EMMA HENRY**, the **WASP** was a side- wheeled paddle steamer which served briefly as a blockade runner between Bermuda and Wilmington, North Carolina, toward the end of the U. S. Civil War.

The **EMMA HENRY** was captured by the Federal gunboat **U.S.S. CHEROKEE** in December of 1864, off North Carolina. She was then purchased from the New York Prize Court for $85,000. Her cargo consisted of six hundred bales of cotton and six barrels of turpentine—all of which being auctioned for $204,000—a considerable sum in those days.

After being repaired in the port of Philadelphia, the **EMMA HENRY** was renamed **WASP** and set sail for Brazil to join the South Atlantic Squadron. The **WASP** accomplished two important and delicate missions there: the retrieval of Charles Washburn and his family on September 10, 1868, and, in the same year, the exchange of General McMahon for Bliss and Masterman on December 10th.

The **WASP** continued to serve in the Rio de La Plata when she was declared unusable and sold to a private party in Montevideo, Uruguay.

Chapter Seventeen is titled Espionage, Counter Espionage, and the Great Conspiracy, and commences with the testimony of the captain of the **WASP**, Wm. A. Kirkland. Kirkland related to the Congressional Committee on March 28, 1869, that he had navigated the La Plata waters for a long time and had heard from different sources that Mr. Bliss was a spy for General López in the home of Minister Washburn, but that he would have turned on the President given the first opportunity. (**Paraguayan Investigation**, page 212)

It seems strange that Porter Cornelius Bliss would have been thusly accused because his personal history is quite distinguished. A tribute to him appeared in the **New York Times** in 1885, and relates the following:

The year after returning to the U. S. from Paraguay, he was named by

President Grant to serve as Secretary to the U. S. Legation in Mexico City—a position he held for four years. Then, in 1874, Bliss became editor of Johnson's Encyclopedia, published in 1877. He wrote a history of the conquest of Turkey, published the following year, and served as editor of the New York Herald. His last job was at the **New Haven** (Connecticut) **Morning News**. He died in New York City in 1884 at the age of 47. (**Appleton's Cyclopedia of American Biographies**, 1999).

Regarding Bliss' participation in the so-called Conspiracy of 1868 in Paraguay, an interesting study was published in Asunción in 1998 by a prominent journalist- politician, Osvaldo Bergonzi, entitled El Círculo de San Fernando. This account attributes the origin of the conspiracy theory to Charles Washburn's delay in reaching Paraguay after his marriage in the United States.

Washburn's residence in Argentina during this time brought him in contact with many allied leaders and Paraguayan expatriates. When he returned to his diplomatic post, he announced to his friends that the war would be over soon", based on intelligence he had received during his year-long absence that 1) the U. S. was to mediate a peace, and 2) Argentina wanted to end the conflict.

What had not been considered in these conclusions was that President López would not leave the country under any circumstances—given his ultimatum, "conquest or death" (*veneer o morir*).

The conspiracy therefore may have had more to do with assumptions made by Washburn and his colleagues and friends, than with the 'secret' activities of Bliss and others. This period is referred to in histories of the Triple Alliance War as the *Reign of Terror,* with its culmination at San Fernando, the site of the 'Bloody Tribunals', so called.

According to Lopez, Washburn, Bliss, and Masterman figured prominently in the development of the conspiracy. Bliss and Masterman were therefore detained and jailed. Washburn got out through the diligence of Captain Kirkland.

The members of the Congressional Committee were very interested in Kirkland's contention that Mrs. Washburn had said in his presence on board the **WASP** that, in fact, there *was* a conspiracy.

Bergonzi quotes Kirkland, as follows:

> Mr. Washburn told me that there was not a conspiracy or revolution against the government; but Mrs. Washburn, in the absence of her husband, said there was a plan to remove Lopez from power and replace him with his brothers, Venancio and Benigno. (**Círculo** ..., page 354)

However, when Mrs. Washburn was called before the Committee, she testified that:

> I do not remember having had this conversation with Kirkland. I could not have said this because I didn't believe it; but I may have stated at another time that we had knowledge of a conspiracy in view of all of the arrests of people, etc. (**Círculo** page 355)

The conclusion of this writer is that it is probable that a group was formed in Asuncion after López and his government left the city and when the Brazilians had advanced to the port, the purpose of which was to create a new government to administer and protect the country in the event that López fled or was killed.

Such a proposition would have been preferable to a political vacuum, which would have caused the dismemberment of the Republic by the allied powers.

President López had created the tribunals to rid the country of those who would turn the country over to the allies. Such an ironic conclusion does not figure in any of the histories of the war available to this writer; but it appears to make more sense than many of the other interpretations concerning the motives of the conspirators, so-called, and of López himself.

Chapter Eighteen, titled The Committee, is an account of the proceedings of the United States House of Representatives Foreign Relations Committee and the sub-committee that inquired into the Paraguayan War.

The Chairman of the Foreign Relations Committee was Nathaniel Banks, a Civil War general and former Governor of Massachusetts. Banks confounded the House by maintaining that the proposed censure of Admirals Godon and Davis was not really a censure at all, but rather, a way to resolve differences of opinion about the conduct of the U. S. Navy and the diplomatic officials stationed within the theatre of the Paraguayan War.

A critic of the censure movement was Representative Charles Willard, Republican of Vermont, who stated that if anyone should be charged that way, it should be the leadership in Washington since the Navy was only following their instructions. In this regard, Willard quoted a letter from Secretary of the Navy Gideon Welles to Secretary of State Wm. Seward stating that Rear Admiral Godon "had carried out a sensitive assignment with firmness, prudence, and courtesy." (**Congressional Globe**, January 6, 1871, page 341) Concerning Rear Admiral Davis, Willard remarked that "no other officer of the Navy has a record of accomplishment equal to his." (**Globe**, page 144).

Representative Fernando Wood, a Democrat and former Mayor of New York took another tact. He said that the Congress should table the whole matter because it was nothing more than a *controversy:*

I cannot support either proposal to censure the admirals or to censure Mr. Washburn. Washburn fulfilled his obligations conscientiously and with intelligence; likewise the admirals. (**Globe**, page 342)

Wood added that the protocols between the Navy and the diplomatic corps had never been well-defined, resulting in disputes and misadventures. His proposal to table the matter failed: 47 in favor, 85 against.

The minority leader on the House Foreign Relations Sub-committee assigned to carry out the Paraguayan Investigation was Representative Thomas Swann, Democrat of Maryland. He stated that "we should not declare a legislative war against the Navy only to gratify the pride of several impulsive people." His Republican counterpart on the sub-committee, Godlove Orth of Indiana, took another approach. He said:

It is unfortunate that these distinguished officers of the Navy failed in

their obligation to affirm and exercise a recognized right - to transport our diplomatic representatives in a timely fashion, and to maintain the honor of the country to earn the respect of others.

After considerable debate, the resolutions of the sub-committee were voted by the

House of Representatives on January 6, 1871, as follows:

**Report of the Majority** (by Mr. Orth):

1. Rear Admiral Godon failed in his duty by waiting fourteen months to bring Washburn to Paraguay;

2. Bliss and Masterman *were* members of the Legation and were therefore entitled to the protection of the Navy;

3. The arrest and detention of Bliss and Masterman constituted a violation of recognized international law and resulted
in an insult to the honor and dignity of the United States;

4. We approve of the action of President Grant in recalling
General McMahon and in declining to continue diplomatic
relations with Paraguay;

5. It is the duty of our naval officers abroad to assist our
diplomats in fulfilling their obligations. The negligence of
these officers requires investigation with appropriate punish-
ment administered by the Navy Department.

6. Mr. Orth added a personal article to these majority resolutions:

We disapprove of the conduct of Rear Admiral Davis in waiting an unreasonable time to rescue Bliss and Masterman, in
accepting the terms dictated by López, and in treating them
as prisoner during their voyage.

This article passed 101-58, with 76 abstentions. Representative
Farnsworth of Illinois offered the following amendment to the majority resolutions: "We ask that the Secretary of the Navy call for a court martial concerning the offenses of Rear Admiral Godon and Davis" This amendment
passed 86-26.

Representative Maynard of Tennessee offered an amendment having to
do with the circumstances surrounding the rescue of Bliss and Masterman:

"That Captain Ramsay and Commander Kirkland, upon meeting with
General López at his headquarters in order to verify the confessions of the
two prisoners, committed a grave offense—dishonoring the Navy and the
country; and these officers deserve and should receive the censorship of this
legislative body." Maynard's amendment failed: 66 in favor, 69 opposed

The **minority report** was then read, as follows:

1. The forced arrest and detention of Bliss and Masterman
under the protection of the American flag was a disgrace
which required immediate redress;

2. Mr. Washburn seriously compromised the American flag
when he separated himself from his associates outside of the
legation. He should *not* have accepted his passport without
others receiving theirs;

3. Washburn committed a grave act of insolence in maintaining a hostile attitude towards President López and Paraguay—which cause all the disgraces during his ministry;

4. Rear Admirals Godon and Davis committed no offenses which would justify their censure by the government or by court martial; and these officers followed the instructions of their department in accordance with their judgment and understanding;

5. There is no need on the part of this legislative body to pursue any further inquiries about this investigation;

6. This committee should be discharged from the investigation. (**Journal of the House of Representatives**), January 7, 1871, pages 106-107)

A very perceptive analysis of these findings from the Paraguayan point of view can be found in Osvaldo Bergonzi's **Círculo de San Fernando** (Asunción, 1999):

> ...the majority of the committee came to some very imprecise conclusions to include the belief that Admiral Davis had failed in his responsibility to come to the aid of Charles Washburn, and that Bliss and Masterman, as members of the North American legation had a right to the protection of the United States; that Paraguay had ignored international law and aggravated the U. S. by arresting the two men. There was no vote of censure against McMahon or Washburn.

In the minority report, however, it was affirmed that the unfriendly attitude of Washburn towards López and Paraguay constituted grave imprudence, and that Washburn, by associating with men of doubtful reputation such as Bliss and Masterman in the legation, had caused most of his problems with the Paraguayan government—a triumph, given the influence of the Washburn family.

Neither was another objective achieved: the censure of Martin McMahon. In both reports, McMahon was free of fault.

Washburn, however, did not fare well by the minority. One can say that in the halls of Washington, the influence of his family had waned. (**Círculo de San Fernando**, pages 362-363)

Chapter Nineteen, titled A Fortuitous Union: Elisa Lynch, Mariscal López, and General McMahon states that the three *helped each other out* during some difficult times. Before McMahon left Paraguay, López named him guardian of his children in the event of the Marshal's death. Although McMahon was in Paraguay for only seven months, he has always had a very high standing there because of his sympathy for the Paraguayan cause.

The pro-Washburn interests attempted to show during the Congressional hearings that McMahon 'had stolen the National Treasury of Paraguay' on his way out because of the enormity of his baggage and personal effects which raised eyebrows both in Asuncion and in Buenos Aires.

Chapter Twenty, Washburn and Washburne and makes a comparison between Charles and Elihu concerning their diplomatic conduct in Asuncion and in Paris, respectively. Charles harbored foreign diplomats and/or their belongings in the American legation during the Brazilian invasion and the Reign of Terror. He was vilified for this by the Lopez regime. Elihu did likewise in Paris during the reign of the Paris Commune. He was later applauded for his heroism and courage.

This contradiction prompts the subtitle of the chapter, Similar Circumstances, Like Procedures, and Ironically Opposite Consequences. However, in the portrayal of these matters by scholars of the period, they are treated as 'not the same thing at all', meaning that because Charles 'got in trouble' in Paraguay, it is not possible to compare him favorably with his brother, even though they had the same instincts

Chapter Twenty One is a tribute to Brian Wert of Easthampton, Massachusetts, who transcribed this book through Chapter 20 and who passed away on March 27, 2007, shortly before completing the remaining chapters. Brian had also transcribed an earlier work by this writer, Revelations and Reflections (2003), also in the Spanish language, even though he knew no Spanish. He was a great friend and a fine person. His picture was graciously provided by his wife, Kerry, shortly after his death.

Chapter Twenty Two, titled Reflections of the Author, states that the Paraguayan War was inevitable because of the inability of the countries of the Plata River Basin to establish agreement on their boundaries and navigation rights on their rivers. These problems have their origins in the ambiguities inherent in the Spanish and Portuguese treaties of the sixteenth, seventeenth, and Eighteenth centuries in the east, and the unresolved demarcation of ownership of the Gran Chaco in the west.

Chapter Twenty Three, titled Toward a Lasting Tribute: Conclusions of the

Author, continues that both the eastern and western boundaries of the Republic of Paraguay before the Triple Alliance War had never been formally agreed upon; and after the war certain treaty arrangements were made between Paraguay and Argentina which brought a part of the Chaco to arbitration by the President of the United States, Rutherford B. Hayes. Hayes found in favor of Paraguay. Because of the significant loss of Paraguayan territory in the north and south to Argentina and Brazil, respectively, the Hayes decision was remarkable.

In his honor, Villa Occidental was renamed Villa Hayes, and the area he awarded to Paraguay is now known as the Department of President Hayes. Officials of that region have petitioned the national government to establish a country-wide holiday in Hayes' name, to be celebrated each November 12th. To this end, a book, titled **Project of Law: National Holiday - Day of the Hayes Decision**, was published in 2004. It remains to be seen what the outcome shall be.

Unveiling of the Samuel Greed Goulson Portrait of President Hayes
Ministry of Foreign Affairs, Asuncion, Paraguay
November 12, 1976
A U.S. Bicentennial Gift to the Republic of Paraguay from the
Hayes Presidential Center, Fremont, Ohio

President Hayes